技术丛书

The Construction of Big Data Platform for Large
Enterprises - Architecture and Implementation

企业级大数据平台构建
架构与实现

朱凯 著

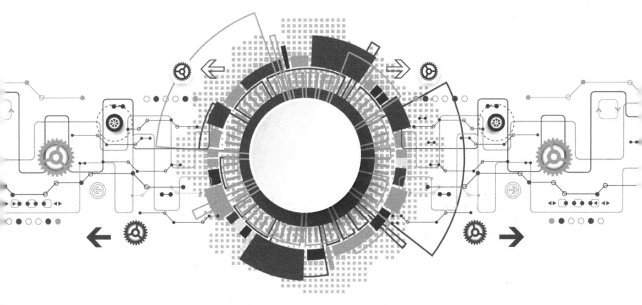

机械工业出版社
CHINA MACHINE PRESS

图书在版编目（CIP）数据

企业级大数据平台构建：架构与实现 / 朱凯著 . —北京：机械工业出版社，2018.3（2023.8 重印）

（大数据技术丛书）

ISBN 978-7-111-59595-3

I. 企⋯ II. 朱⋯ III. 数据处理 IV. TP274

中国版本图书馆 CIP 数据核字（2018）第 058184 号

企业级大数据平台构建：架构与实现

出版发行：机械工业出版社（北京市西城区百万庄大街 22 号 邮政编码：100037）

责任编辑：孙海亮 责任校对：李秋荣

印　　刷：北京捷迅佳彩印刷有限公司 版　　次：2023 年 8 月第 1 版第 10 次印刷

开　　本：186mm×240mm 1/16 印　　张：16.5

书　　号：ISBN 978-7-111-59595-3 定　　价：69.00 元

客服电话：(010) 88361066　68326294

版权所有 • 侵权必究
封底无防伪标均为盗版

Foreword 推荐序

思者常新，厚积薄发

相比以 BAT 为引领的互联网公司的天生"数质"（业务高度数字化，技术更具创新性和开放性），大多数传统集团企业经过之前 ERP 时代积累了海量的业务数据。但是由于业务的复杂性与新老技术升级变革的压力，面对汹涌而来的大数据浪潮，这些企业却依旧停留在探索技术如何稳步更替升级、分散在不同部门的数据如何更有效地集中统一、数据本身以及数据技术如何有效形成企业级治理体系等一系列"知易行难"的问题当中。

相比两年前全民热捧大数据概念的疯狂，数据本身和大数据主流技术显然已经稳步度过了"过高期望的峰值期"和"泡沫化的低谷期"，正式进入"稳步爬升的光明期"。正因为这样，在这个黎明前的时期，传统企业如何平稳完成数字化变革带来的技术架构变迁，找到去伪存真的企业级大数据实战指南就显得尤为重要了。

最近十年，我一直在远光软件从事电力企业信息化相关的工作，组织、带领了包括企业大数据平台、企业新一代敏捷 BA 平台与能源 BDaaS 平台在内的研发团队。电力企业在国内正是信息化水平较高，但业务运营和技术管控模式最为复杂的一类企业。正是意识到"生于互联网的大数据技术对于集团企业的大数据应用支撑不足"这一事实，我们很早就开始孵化相关的团队、探索相关的应用。直到我们在公司正式组建第一支"企业大数据产品商业化团队"的时候，本书作者通过"普通社招"成为第一批加入的开发工程师之一。在短短的半年时间内，他就在如何快速学习新技术、实践新架构方面展现出高于常人、高于前辈的能力和素养。

四年的时间，我们的大数据产品 EDT、创新数字化平台产品 Realinsight 相继诞生，我们和用户一起完成了一个又一个企业大数据解决方案实战。用户数屡创新高、嘉奖年年不断，获得了市场和行业的肯定。当年那支由 20 人组成的产品团队，一年一个台阶发展为如今公司的一级产品事业部,当年那个"普通开发工程师"也当仁不让地成为我们整个大数据产品线中最为核心的系统架构师和技术布道师。

在此过程中,本书作者和各个技术同仁、产品经理、业务部门同事紧密合作,而这本著作就融入了他在这些实战项目中所积累的丰富经验。所以,本书最大的闪光点在于,它的内容不局限于技术本身,而是考虑到了在不同企业应用场景下,这些技术如何得到更合理地应用。除此之外,作者文艺青年的背景让这本书读起来极其顺畅,他的钻研精神又让这本书在理论上更具深度。因此,本书除了适合集团企业的技术管理人员通读外,也非常适合从事大数据产品相关工作的设计者、产品经理或者架构师阅读。我想,对于希望利用大数据技术解决业务痛点的读者而言,本书更是不可或缺的良师益友。

当得知朱凯有出书的打算时,我们都很兴奋。谁会比他更能胜任这件事呢?毫无疑问,这会是国内企业大数据技术领域的一本不可多得的图书。"思者常新,厚积薄发"正是我对本书作者这几年状态的一个真实表述,但同时也是对于正走向真正落地的企业大数据时代的共勉。数字经济时代已经到来,作为这个时代积极的参与者,我们渴望和更多的思考者共同分享、一起创造,实现企业大数据技术应用的爆发。

远光软件大数据事业部总经理　解来甲

前 言

为什么要写这本书

近年来,大数据这个概念越来越火爆,特别是在国家层面,大数据被提升到了国家战略的高度。在这样的背景下,很多传统企业开始涉足大数据领域并研发自己的大数据技术平台。在这股技术升级与转型的浪潮中,传统领域的程序员纷纷转型投向大数据的怀抱。目前大数据技术开源领域以 Hadoop 生态构建的技术体系为主。现在市面上有很多与 Hadoop 体系相关的技术书籍,Hadoop、Spark 这类火爆的技术已经有大量优秀的专业书籍进行讲解。但我发现这类书籍多是以纵向的视角去讲解某一类具体的技术,而大数据领域涉及的知识繁多,在构建大数据平台的过程中我们不仅需要精通单个技术组件的知识,还需要拥有横向整合拉通 Hadoop 体系技术栈的能力。而这类横向拉通 Hadoop 体系技术栈的书籍并不多见。所以我将自己在构建大数据平台上的一些经验和实践进行了整理,分享给各位读者。希望本书能够为各位读者构建大数据平台或解决方案提供一定的帮助。

读者对象

- **想了解大数据技术,想进入大数据领域的工程师**:作为一个想进入大数据领域的"新人",你可以通过本书从宏观的视角迅速对大数据的基础设施和技术栈有一个全面的认识和了解。本书可以作为你的入门指南和技术栈索引目录。
- **大数据领域的中高级工程师**:作为一个大数据领域的中高级工程师,对 Hadoop 生态体系的技术应该早已运用自如。通过本书的学习,相信你对大数据领域多种技术栈的整合会有一个更深刻的认识。同时本书中的一些平台级方案也会帮助你提升在平台架构方面的造诣。
- **平台架构师**:作为一个平台架构师,本书中的一些解决方案和设计思路可以作为你进行系统架构的参考资料。

本书主要内容

本书从企业的实际需求出发，完整地介绍了构建一个真实可用、安全可靠的企业级大数据平台所需要运用的知识体系，并详细地描述了构建企业级大数据平台的设计方案和实施步骤。

本书逻辑上可分为3大部分，共8章，每个章节循序渐进：
- 第一部分（第1、2章）描述了企业级大数据平台的需求和能力。
- 第二部分（第3～5章）着重讲述了如何去搭建并配置一个大数据平台，以及如何构建非常重要的平台安全方案。
- 第三部分（第6～8章）以实战的形式讲解如何以Java编码的方式实现平台的基础管理功能，以提升其易用性与可用性。

具体各章内容如下：

第1章 阐述企业级大数据平台的重要性，并解释了为什么需要构建一个统一的企业级大数据平台。接着介绍作为一个企业级大数据平台应当具备的能力，并解释其原因。

第2章 介绍通过Hadoop生态体系去构建一个企业级大数据平台可以使用的技术栈，如HDFS、HBase、Spark等，并一一介绍了它们的核心概念。

第3章 介绍集群管理工具Ambari，并站在集群服务器的角度分类解释如何去设计一个Hadoop集群，详细描述了如何使用Ambari来安装、管理和监控一个Hadoop集群。

第4章 介绍企业级大数据平台中非常重要的安全部分。首先阐述了企业级大数据平台面临的一些安全隐患，接着展示了一套初级解决方案并介绍了如何使用Knox和Ranger解决访问控制和数据授权与管理的问题。

第5章 着重介绍Hadoop服务的安全方案，并说明如何通过Kerberos协议等一系列措施来保障Hadoop集群的安全。

第6章 阐述大数据平台在易用性上的一些遗留问题，接着介绍如何通过CAS实现平台的单点登录功能，最后描述如何使用Java程序实现统一的用户管理服务。

第7章 简单阐述服务化的重要性以及如何将大数据平台管理端的功能封装成RESTful服务。首先介绍了如何使用Spring-Boot快速搭建一套RESTful服务的程序框架，接着详细描述如何实现Kerberos用户查询、Hive数据仓库查询和元数据查询等一系列RESTful服务。

第8章 介绍如何使用Java程序实现Spark的任务提交与任务调度功能。首先着重介绍使用Java程序实现Spark任务提交到YARN的三种方式，接着描述如何通过Quartz实现任务调度功能。

如何阅读本书

本书内容会涉及大数据领域相关的技术知识，所以假定读者已具有一定的编程经验，了解分布式、多线程、集群等概念。本书部分内容涉及集群服务的实战安装示例，所以需要准备至少两台用于搭建测试环境的 Linux 服务器或虚拟机。

勘误和支持

由于水平有限，编写时间仓促，书中难免会出现一些错误或者不准确的地方，恳请读者批评指正。为此，我特意创建了一个提供在线支持与应急方案的站点 https://github.com/nauu/bigdatabook。你可以将书中的错误发布在 Bug 勘误表页面中，如果你遇到任何问题，也可以访问 Q&A 页面，我将尽量在线上为读者提供最满意的解答。如果你有更多的宝贵意见，也欢迎发送邮件至邮箱 yawface@gmail.com 或者访问新浪微博 http://weibo.com/boness，期待能够得到你们的真挚反馈。

致谢

感谢我的家人，如果没有你们的悉心照顾和鼓励，我不可能完成本书。

感谢我的挚友李根，为本书提出了许多宝贵的建议。

感谢机械工业出版社的编辑杨福川老师、孙海亮老师，在这一年多的时间中始终支持我的写作，你们的鼓励和帮助引导我顺利地完成全部书稿。

朱　凯

目录 Contents

推荐序　思者常新，厚积薄发
前言

第1章　浅谈企业级大数据平台的重要性 … 1

1.1　缺乏统一大数据平台的问题 … 2
　　1.1.1　资源浪费 … 2
　　1.1.2　数据孤岛 … 2
　　1.1.3　服务孤岛 … 3
　　1.1.4　安全存疑 … 3
　　1.1.5　缺乏可维护性和可扩展性 … 3
　　1.1.6　缺乏可复制性 … 4
1.2　构建统一大数据平台的优势 … 4
1.3　企业级大数据平台需要具备的基本能力 … 6
　　1.3.1　集群管理与监控 … 7
　　1.3.2　数据接入 … 7
　　1.3.3　数据存储与查询 … 7
　　1.3.4　数据计算 … 8
　　1.3.5　平台安全与管理 … 10
1.4　平台辅助工具 … 12
1.5　本章小结 … 13

第2章　企业级大数据平台技术栈介绍 … 15

2.1　HDFS … 16
　　2.1.1　概述 … 16
　　2.1.2　RAID 技术 … 17
　　2.1.3　核心设计目标 … 18
　　2.1.4　命名空间 … 19
　　2.1.5　数据模型 … 20
　　2.1.6　Namenode 和 Datanode … 20
　　2.1.7　使用场景 … 21
2.2　Zookeeper … 22
　　2.2.1　概述 … 22
　　2.2.2　核心特性 … 23
　　2.2.3　命名空间 … 24
　　2.2.4　数据模型 … 24
　　2.2.5　节点状态监听 … 25
　　2.2.6　原子消息广播协议 … 25
　　2.2.7　使用场景 … 32
2.3　HBase … 33
　　2.3.1　概述 … 33
　　2.3.2　数据模型 … 34
　　2.3.3　Regions … 34

		2.3.4	HBase Master	35
		2.3.5	Region Server	36
		2.3.6	MemStore 与 HFile	37
		2.3.7	使用场景	37
	2.4	YARN		38
		2.4.1	概述	38
		2.4.2	资源模型和 Container	40
		2.4.3	ResourceManager	40
		2.4.4	ApplicationMaster	40
		2.4.5	NodeManager	41
		2.4.6	单一集群架构	41
		2.4.7	工作流程	41
		2.4.8	使用场景	43
	2.5	Spark		43
		2.5.1	概述	43
		2.5.2	数据模型	45
		2.5.3	编程模型和作业调度	45
		2.5.4	依赖	46
		2.5.5	容错	47
		2.5.6	集群模式	47
		2.5.7	使用场景	48
	2.6	本章小结		49

第 3 章 使用 Ambari 安装 Hadoop 集群 50

3.1	概述	50
3.2	集群设计	52
	3.2.1 主控节点	52
	3.2.2 存储与计算节点	53
	3.2.3 安全认证与管理节点	54
	3.2.4 协同管理与其他节点	54

3.3	Ambari 的安装、配置与启动	55
	3.3.1 安装前的准备	55
	3.3.2 安装 Ambari-Server	62
	3.3.3 Ambari-Server 目录结构	64
	3.3.4 配置 Ambari-Server	65
	3.3.5 启动 Ambari-Server	66
3.4	新建集群	67
	3.4.1 设置集群名称并配置 HDP 安装包	67
	3.4.2 配置集群	69
3.5	Ambari 控制台功能简介	77
	3.5.1 集群服务管理	78
	3.5.2 集群服务配置	80
	3.5.3 辅助工具	82
3.6	本章小结	86

第 4 章 构建企业级平台安全方案 87

4.1	浅谈企业级大数据平台面临的安全隐患	88
	4.1.1 缺乏统一的访问控制机制	88
	4.1.2 缺乏统一的资源授权策略	88
	4.1.3 缺乏 Hadoop 服务安全保障	89
4.2	初级安全方案	89
	4.2.1 访问控制	89
	4.2.2 数据授权与管理	97
4.3	本章小结	110

第 5 章 Hadoop 服务安全方案 111

5.1	Kerberos 协议简介	111
5.2	使用 FreeIPA 安装 Kerberos 和 LDAP	113

5.2.1　安装 FreeIPA ·················· 115
　　　5.2.2　IPA-Server 管理控制台功能
　　　　　　介绍 ······························ 119
　　　5.2.3　IPA CLI 功能介绍 ············ 122
　5.3　开启 Ambari 的 Kerberos 安全
　　　选项 ······································ 127
　　　5.3.1　集成前的准备 ················ 127
　　　5.3.2　集成 IPA ······················· 129
　　　5.3.3　测试 Kerberos 认证 ········ 133
　5.4　本章小结 ······························ 136

第 6 章　单点登录与用户管理 ······ 137
　6.1　集成单点登录 ······················· 139
　　　6.1.1　CAS 简介 ······················ 140
　　　6.1.2　安装 CAS-Server ············ 141
　　　6.1.3　集成 Knox 网关与 CAS-
　　　　　　Server ··························· 148
　　　6.1.4　集成 Ranger 与 CAS-Server ···· 151
　　　6.1.5　集成 Ambari 与 CAS-Server ···· 152
　6.2　实现统一的用户管理系统 ········ 155
　6.3　使用 Java 程序调用脚本 ········· 161
　6.4　创建 Ranger 扩展用户 ··········· 166
　6.5　本章小结 ······························ 169

第 7 章　搭建平台管理端 RESTful
　　　　　服务 ································ 170
　7.1　搭建 RESTful 服务框架 ········· 170
　7.2　用户查询 ······························ 174
　　　7.2.1　引入 LDAP 模块 ············· 174
　　　7.2.2　配置 LDAP ····················· 174
　　　7.2.3　实现持久层 ···················· 177

　　　7.2.4　实现服务层 ···················· 181
　　　7.2.5　实现 RESTful 服务 ········· 181
　　　7.2.6　整合用户管理 ················ 183
　7.3　RESTful 服务安全认证 ·········· 184
　　　7.3.1　用户登录服务 ················ 185
　　　7.3.2　使用 JWT 认证 ··············· 185
　　　7.3.3　创建用户登录 RESTful
　　　　　　服务 ······························ 188
　　　7.3.4　认证过滤器 ···················· 194
　　　7.3.5　测试服务安全认证 ·········· 198
　7.4　数据仓库数据查询 ················· 200
　　　7.4.1　创建 JDBC 连接 ············· 200
　　　7.4.2　Kerberos 登录 ················ 202
　　　7.4.3　使用 JDBC 协议查询 ······ 202
　　　7.4.4　实现服务层与 RESTful 服务 ·· 206
　　　7.4.5　测试查询 ······················· 207
　7.5　数据仓库元数据查询 ·············· 208
　　　7.5.1　使用 query 服务查询数仓元
　　　　　　数据 ······························ 208
　　　7.5.2　引入 JdbcTemplate 模块 ······ 209
　　　7.5.3　增加 Hive 元数据库配置 ······ 210
　　　7.5.4　实现元数据持久层 ·········· 211
　　　7.5.5　实现元数据服务层与 RESTful
　　　　　　服务 ······························ 216
　　　7.5.6　测试元数据查询 ············· 218
　7.6　本章小结 ······························ 219

第 8 章　Spark 任务与调度服务 ···· 220
　8.1　提交 Spark 任务的 3 种方式 ···· 220
　　　8.1.1　使用 Spark-Submit 脚本
　　　　　　提交 ······························ 220

8.1.2 使用 Spark Client 提交 ………… 226
　　8.1.3 使用 YARN RESTful API
　　　　　提交 …………………………… 229
8.2 查询 Spark 日志 ……………………… 234
8.3 任务调度 ……………………………… 236
　　8.3.1 引入 Quartz 模块 ……………… 237
　　8.3.2 增加 Quartz 配置 ……………… 237
　　8.3.3 编写调度任务 ………………… 240

　　8.3.4 改进空间 …………………… 241
8.4 本章小结 …………………………… 241

附录 A　Hadoop 简史 …………………… 242

**附录 B　Hadoop 生态其他常用组件
　　　　一览** ……………………………… 245

附录 C　常用组件配置说明 …………… 248

第 1 章 Chapter 1

浅谈企业级大数据平台的重要性

不论你愿不愿意承认，大数据时代已经来临了。大数据潮流引领的技术变革正在悄无声息地改变着各行各业。虽说"大数据"是近些年才火热起来的词汇，但可以说"大数据"其实一直存在，只是由于技术的局限性使得人们在很长的一段时间里没有办法能够使用全量数据。但是随着技术的发展与革新，现在人们可以使用大数据技术来处理海量的数据了，这使得很多之前只能停留在理论研究层面的算法和思想现在能够付诸行动，比如现在很火爆的深度学习。与此同时，大数据技术这一新兴的工具也让人们拥有了一种新的思维模式，即大数据思维。

大数据思维注重全量样本数据而不是局部数据，注重相关性而不是因果关系。通过分析和挖掘数据将其转化为知识，再由知识提炼成智慧以获取洞察。大数据思维在很多行业都有用武之地，比如在银行行业，基于大数据的风险控制体系就是一个很好的例子。通过大数据技术重构的机器学习算法不仅可以在全量样本数据上进行训练，还能引入更多的维度参与学习，从而构建一个比传统技术更高效、更准确的信用征信评分体系。同样，在电商行业也有很多大数据应用的例子。比如电商企业通过对手中大量的用户行为数据进行分析挖掘，可以得知用户的喜好并绘制出完善的用户画像。这使得电商企业能够更加了解自己的客户，从而对他们进行精准营销和相关商品推荐。

类似的例子数不胜数，这些案例的背后大数据技术功不可没。作为这个时代的参与者，我们的企业理应做好充足向大数据领域转型的技术准备，以免在这个时代落伍。

在这个转型的过程中最为重要的环节之一便是技术平台的建设。

1.1 缺乏统一大数据平台的问题

大数据思维需要依托大数据技术的支撑才能得以实现，所以隐藏在背后的支撑平台非常重要。正所谓下层基础决定上层建筑，没有一个牢固的地基是建不成摩天大楼的。我们不妨设想一下作为一个投身于大数据领域的企业，如果没有一个统一的大数据平台会出现什么问题。

1.1.1 资源浪费

通常在一个企业的内部会有多个不同的技术团队和业务团队。如果每个团队都搭建一套自己的大数据集群，那么宝贵的服务器资源就这样被随意地分割成了若干个小块，没有办法使出合力，服务器资源的整体利用率也无法得到保证。这种做法无疑是对企业资源的一种浪费。

其次大数据集群涉及的技术繁杂，其搭建和运维也是需要学习和运营成本的。这种重复的建设费时费力且没有意义，只会造成无谓的资源浪费。

1.1.2 数据孤岛

如果企业内部存在多个分散的小集群，那么首先各种业务数据从物理上便会被孤立地存储于各自的小集群之中，我们就没有办法对数据进行全量的整合使用，数据便失去了关联的能力，大数据技术使用全量数据进行分析的优势也丧失了。

其次，在这种情况下也很难实现对业务数据进行统一的模型定义与存储，一些相同的数据被不同的部门赋予了不同的含义，同一份数据就这样以不同的模型定义重复地存储到了多个集群之中，不仅造成了不必要的存储资源浪费，还造成不同部门之间沟通成本的增长。

1.1.3 服务孤岛

企业内部各自为政的小集群的首要任务是支撑团队或项目组自身的业务场景来满足自身的需求，所以在实现功能的时候不会以面向服务的思维来抽象提炼服务，很可能都没有可以暴露出来供小集群外部使用的服务。退一步讲就算这些小集群有提供出来的服务，那么它们也缺乏统一的顶层设计，在做服务设计的时候没有统一的规则，导致提供的服务参差不齐，其访问入口也很有可能不统一。同时这些服务被分散在不同的集群之中，应用程序不能跨越多个集群使用所有的服务。

1.1.4 安全存疑

企业内部各项目组或团队自身维护的小集群通常都是只为支撑自身业务而实现的，不会同时面对多个用户。企业通过一些行政管理手段可以在一定程度上保障集群的安全。但是当团队人员扩充、集群规模扩大或是大数据集群的服务同时面向多个技术团队和业务部门的时候，很多问题就会显露出来。首当其冲的便是需要面对多用户的问题，集群不再只有一个用户，而是需要面对多个不同的用户。这就自然而然地引出一系列需要切实面对和解决的问题，比如用户的管理、用户的访问控制、服务的安全控制和数据的授权等。小集群通常都处于"裸奔状态"，基本没有什么安全防护的能力。集群安全涉及方方面面，是一个非常复杂的系统工程，不是轻易能够实现的。

1.1.5 缺乏可维护性和可扩展性

大数据领域的技术发展日新月异，其本身正处于一个高速的发展期，我们的集群服务会时不时需要进行更新以获得新的能力，或是需要安装补丁以修复 Bug。在这种情况下对多个小集群进行维护就会变得非常麻烦。同时当某个小集群性能达到瓶颈的时候也没有办法很容易地做到横向扩容。

1.1.6 缺乏可复制性

各自为政的小集群缺乏统一的技术路线，导致大数据集群的运维工作会缺乏可复制性。因为一个部门或者团队与其他部门使用的技术组件可能完全不一样，这样一个集群的安装、维护和调试等经验就没有办法快速复制和推广到其他团队或部门。同时在大数据应用研发方面也会存在同样的问题，正常来讲当我们做过的项目越多，从项目中获得的经验也就越多，我们能从这个过程中提炼、抽象和总结一些经验、规则或是开发框架来帮助我们加速今后的应用研发。但是技术路线的不统一很可能导致这些先验经验丧失后续的指导意义。

1.2 构建统一大数据平台的优势

如果我们能够化零为整，在企业内部从宏观、整体的角度设计和实现一个统一的大数据平台，引入单一集群、单一存储、统一服务和统一安全的架构思想就能较好地解决上述的种种问题。

1. 资源共享

使用单一集群架构，可以实现通过一个大集群来整合所有可用的服务器资源，通过一个大集群对外提供所有的能力。这样将所有服务器资源进行统一整合之后，能够更加合理地规划和使用整个集群的资源，并且能够实现细粒度的资源调度机制，从而使其整体的资源利用率更加高效。同时集群的存储能力和计算能力也能够突破小集群的极限。

不仅如此，因为只使用了一个大集群，所以我们现在只需要部署和维护一个集群，不需要重复投入人力资源进行集群的学习和维护。

2. 数据共享

使用单一存储架构，可以实现将企业内部的所有数据集中存储在一个集群之内，方便进行各种业务数据的整合使用。这样我们便能够结合业务实际场景对数据进行关联使用，从而充分利用大数据技术全量数据分析的优势。同时，在这种单一存储架构之下，各种业务数据也可以进行统一的定义和存储，自然的也就不会存在数据重复存储和沟通成本增长的问题了。

3. 服务共享

通过统一服务架构，我们可以站在宏观服务化设计的角度来考虑问题，可将一套统一服务设计规则应用到所有的服务实现之上，同时也能统一服务的访问入口与访问规则。

除此之外，因为所有的服务是由一个统一的大集群提供的，这便意味着这些服务不存在孤岛问题，可以进行整合使用。

4. 安全保障

通过统一安全架构，可以从平台层面出发，设计并实现一套整体的安全保证方案。在单一集群架构的基础之上，可以实现细粒度的资源隔离；在单一存储架构的基础之上可以实现细粒度的数据授权；在单一服务架构的基础之上可以实现细粒度的访问控制；如此等等。

5. 统一规则

由于统一的大集群实现了技术路线的统一，这使得我们在后续应用开发的过程中有很多施展拳脚的空间。比如我们可以通过在大数据应用的开发过程中得到的一些经验总结，将这些经验整理为方法论和模型，再基于这些理论和模型实现一套大数据平台开发的 SDK。最终通过这套 SDK，可以很方便地将这些经验快速复制推广到整个企业内部。

6. 易于使用

在开发一款大数据产品或者业务的时候，我们应当将主要的精力放在业务的梳理和实现之上，而不应该过多地关注平台底层细节，如集群服务的安装、维护和监控等。

比较理想的方式是直接将应用构建在一个大数据平台之上，通过面向平台服务的方式进行应用开发，或是借助平台工具直接以交互的方式进行数据分析。通过平台服务和工具的形式暴露平台能力，屏蔽平台底层细节。应用开发者直接使用平台服务接口进行应用开发，数据科学家、数据分析人员直接使用平台提供的工具进行交互式数据查询与分析。

1.3 企业级大数据平台需要具备的基本能力

既然化零为整的大数据平台有这么多的优势，那么这个平台落到实处应该长什么样子呢？我们不妨更进一步来探讨一下这个问题。还记得之前我们谈到过大数据思维重视的是全量样本数据而不是局部数据，在企业运营过程中产生的海量数据是企业珍贵的财产，从这些数据中可以挖掘出宝藏。对于大数据平台的一切能力需求可以说都是由这些"大数据"的特性产生的。

那么这些大数据是从何来而的呢？这得益于 IT 技术的迅猛发展，ERP、CRM 这类 IT 系统在多个行业均得以实施。同时随着移动互联网、智能穿戴设备和物联网等领域的迅猛发展，企业在运营的过程中会接收到大量的数据，这些数据可能是来自于生产系统产出的数据，也可能是终端设备的用户数据或是来自于机器产生的日志数据。面对海量的数据，我们会遇到一个又一个接踵而至的问题。

为了支撑一个与数据量"体积相当"的存储和计算平台，其集群规模必定不会小。所以我们首先会面临如何管理一个单体大集群的问题。其次，当数据接入之后，我们又会面临如何高效地存储和查询这些数据的问题。接着还会面临如何管理这些数据、如何保障数据安全等一系列问题。

这些现实的问题直接刻画出一个企业级大数据平台需要具备的基本能力。接下来我们具体看一看这些能力。

1.3.1 集群管理与监控

大数据的相关服务之所以能够处理与存储海量数据，其根本原因是采用了分而治之的设计思想。一台服务器的存储容量达到了瓶颈就分成多台服务器进行分布式存储；一台服务器的计算能力达到了瓶颈就使用多台服务器进行分布式运算。再考虑到服务的高可用、负载均衡等要求，自然而然地又会产生一些主备和负载的方案出来。讲到这里，我们已经可以看出，大数据的服务背后是由一系列分布式集群服务组成的。这意味着对于大数据平台的运维团队而言，需要面对很多的服务器以及在这些服务器部署的很多的组件与服务。

如果没有对整个集群进行统筹的管理与监控的能力，那么运维团队在做集群运维的时候将无从下手。所以大数据平台需要集群能够统筹地管理与监控。

1.3.2 数据接入

现在我们知道在大数据应用领域，数据是核心资源，这些数据是企业的宝贵财富，我们对业务模型的建立、分析和挖掘都需要建立在这些原始数据之上，而这些数据通常具有以下几个特点；

1）**来源多**：这些原始数据可能来源于各种地方，比如来自本地文件或是关系型数据库中的表，或是通过网络爬虫获取到的 HTML 页面，或是通过通信协议接受到的机器报文，等等。

2）**类型杂**：这些原始数据拥有不同数据类型，比如文件属于非结构化的数据，关系型数据库中表属于结构化数据，而 HTML 页面属于半结构化数据。

3）**体量大**：这些原始数据可能非常多，因为现如今企业内部存储的数据量正在急剧增长。特别是一些互联网企业，其每天的数据增长可能就达到 TB 级。

由此我们可以得知大数据平台需要能够对接各种来源和各种类型的海量数据。

1.3.3 数据存储与查询

在数据接入大数据平台之后，就需要考虑如何存储这些海量数据的问题了。根据业务场景和应用类型的不同我们会有不同的存储需求。

1. 关系型数据模型

试想一下数据仓库的场景。数据仓库的定位主要是应用于联机分析处理（OLAP），它不需要支持事务性的操作，只用专注于分析场景。它需要能够提供秒级到分钟级的海量数据查询能力。

在这种基于大数据技术的数据仓库背后，就是由一套支持关系型数据模型的分布式存储和查询引擎支撑的。为了支撑关系型数据模型，需要在分布式文件系统之上附加元数据管理的能力和 SQL 查询引擎的支持。又因为对查询的时效性要求很高并且数据量特别巨大，所以还需要使用高效的压缩与存储结构来进行数据的存储。

2. 非关系型数据模型

试想一下这样的场景，在一些实时数据计算的场景中，会有大量数据通过消息管道进入大数据平台，这些数据在实时计算的同时也需要存储下来；或是在分布式计算的场景中，各个服务器进程之间需要一个第三方扩展存储来共享一些中间计算结果。

这些场景通常都会采用非关系数据模型进行存储，并且要求毫秒到秒级的查询能力。所以需要存储服务在分布式文件系统之上建立索引结构，同时充分利用内存的能力进行性能提速。

3. 文档数据模型

Google 的搜索服务改变了人们使用互联网的方式，它背后的核心武器便是搜索引擎。同样的，企业级搜索引擎的出现也改变了企业内部查找数据的方式。这些海量的数据会以文档数据模型的方式进行存储，并且要求毫秒级的查询能力。

由此我们可以得知大数据平台需要能够提供不同的存储模型和查询手段以满足不同的业务场景和需求。

1.3.4 数据计算

在数据接入并存储下来之后，就需要考虑如何使用这些数据了。比如对数据进行加工、转换、映射、查询，进行业务处理或者进行数据挖掘，等等。根据业务场景的不同会有不同的计算需求。

1. 离线批处理

大数据具有体量大和价值密度低的特性，这意味着这些数据通常并不能直接拿来使用，在真正使用之前可能需要清洗加工。在数据量非常大但是对时效性要求不高的场景下，可以使用离线批处理的方式来执行。

比如在机器学习场景下，在使用数据之前通常需要做数据清洗、转换映射、归一化等一系列预处理动作；或是在搜索引擎场景下，需要将已获取的数据转换成索引文件。这些场景都很适合使用分布式离线批处理来执行。

2. 实时计算

在一些对时效性要求很高的场景中，通常在数据接入的同时就需要实时地对数据进行业务逻辑处理并输出结果。比如在一些预警类型的应用中，需要根据实时接收的数据即刻做出预警判断；或是在一些风险控制类型的应用中需要实时地计算出用户的风险评级。这些场景都需要非常高的实时响应性，传统的离线批处理手段此时就显得有些力不从心了。也正因为如此，催生出了很多分布式实时计算的解决方案。

3. 机器学习

从某种程度来说，大数据技术使得机器学习这门从20世纪50年代便已存在的"古老学科"焕发了青春。因为通过大数据技术，机器学习的算法可以直接使用全量数据进行模型的训练，而不是使用局部的样本数据，同时还能利用分布式技术进行高效的模型训练并得到结果。机器学习对我们的应用十分重要，因为我们的预测、预警和分析类应用底层都需要在机器学习的众多算法上实现。

4. 多维分析

得益于IT技术的迅猛发展，ERP、CRM这类IT系统在电力、金融等多个行业均得以实施。这些系统在提升企业运营效率的同时也记录了大量原始的明细数据。利用这些原始数据可以进行一些分析或产出报表来辅助企业决策。比如我们销售的商品最近几个月是增长了还是降低了？喜欢我们产品的消费群体是什么年龄段的？这类功能就可以使用多维分析来实现。

5. 全文搜索

如何在茫茫的数据海洋之中迅速查找到自己想要的信息呢？这就是搜索引擎大显身手的时候了。不同于传统数据库的模糊匹配查询，全文搜索是基于自然语义进行查询条件输入的。通过搜索引擎提供的全文搜索能力，我们可以实现一步直达数据。这项能力在企业级知识库、智库这类应用场景中非常有用，并且数据量越大越能体现出它的优势。

不仅如此，由于全文搜索能够快速检索的特性使得它能够在非常快的速度下选取和查询条件相关的数据集，所以其他的分析系统可以借用搜索的特性进行结合。基于搜索引擎的多维分析设计就基于这样的思路诞生的，通过全文搜索筛选数据然后使用计算引擎执行计算。

由此我们可以得知大数据平台需要能够提供多个领域、多种途径的数据处理和计算手段。

1.3.5 平台安全与管理

作为一个企业级大数据平台产品，企业内部的大数据产品都会构建在这个平台之上，安全问题自然不容小视，我们至少会面对如下这些问题：

1. 用户管理

作为一个面向多个技术团队和业务团队的大数据平台，多用户机制自然必不可少。用户是我们平台资源分配对象的基本单元，诸如数据授权和服务访问授权这类资源的分配最终就需要和用户进行绑定。不仅如此，在整个平台之中还会涉及多方用户。诸如 Linux 系统本地用户、管理系统的用户和集群用户等。这些用户如何集成和统一也是一个问题。

所以我们必须拥有一套行之有效的用户集成方案来解决这些问题。

2. 数据隔离与访问授权

作为一个统一存储的大数据平台，自然会存储不同业务和团队的各种数据。这些数据不应该对所有人可见。不同的应用之间应该拥有独立的数据存储空间，不同的用户应该只能使用被授权访问的数据。

所以我们需要一套行之有效的数据隔离和授权机制。

3. 访问控制

大数据平台提供了许多基于 HTTP 协议的 WEB UI 控制台和 Restful API 接口服务。管理员通过这些 WEB UI 控制台可以了解平台的运行状况，应用程序可以通过 Restful API 接口服务查询数据。为了保障平台服务安全，必须对这些资源进行访问控制，很显然应该只有管理员才能够访问这些控制台，应用程序也应该只能访问到属于自己的那部分接口服务。

通过硬件防火墙的方式来进行防护虽然可以解决部分问题，但是这样控制的粒度过于粗犷。所以在软件层面，我们必须拥有一套行之有效的基于用户粒度的访问控制机制。

4. 集群服务安全

大数据平台底层是由一组分布式集群服务所组成的，这意味着会有很多不同的服务器进行协同工作，各个服务器上的程序进程之间会进行大量消息通信和数据传输。同时这些服务也提供了许多命令行脚本工具用以执行各种操作。

为了保障这些集群间消息通信和数据传输的安全可信，以及防止命令行脚本工具被恶意执行，我们必须拥有一套安全可靠的认证协议并在此协议之上构建出一套集群服务间的认证通信方案。

1.4 平台辅助工具

大数据平台作为一个技术支撑平台，它面向的用户群体至少包括应用开发、平台运维和数据分析这三类用户群体。这三类用户因为自身的工作职责不同导致其关注平台的视角也会不同。应用开发的职责是基于技术平台开发应用，基于平台编写程序，所以他们更关注的是开发 SDK、程序调试跟踪的方式；平台运维的职责是保障大数据平台的正常稳定运行，所以他们关注的是平台的各种监控指标。而数据分析的职责是基于平台数据做数据分析，所以他们关注的是如何使用机器学习相关算法，用最快的速度验证自己的想法并得出反馈。

通过前面的介绍，我们可以知道大数据平台的基本能力从底层技术角度已经覆盖了这三类用户的需求，但是这样将赤裸裸的底层技术直接拿出来给用户使用，对于用户来说体验真是太糟糕了。所以大数据平台需要一层纽带将原始的底层技术能力和终端活生生的人联系起来。这层纽带便是由众多辅助平台使用的工具所组成的，它们可以大幅度降低大数据平台的使用门槛，并增强平台的易用性和友好性。

1. 开发套件

相比于传统的软件编程方式，大数据领域的程序开发会复杂很多。为了迎合分治思想，同时能够使程序以最大的并行度执行，我们的程序都会以多线程的方式分布式地运行在多台服务器之上，这就使程序的开发和调试难度陡增。除此之外，在程序的设计思路上，大数据领域也和传统领域有着显著的不同，例如大数据领域的存储技术可以突破传统关系型数据库的诸多限制，使得一张单表拥有上千列和数亿行成为可能。这就使得我们可以使用与以往软件完全不同的设计思路去实现一些功能。

所以大数据平台应该拥有与之适配的一套 SDK 开发套件，将底层的复杂逻辑进行封装从而对上层应用屏蔽，同时提供一套简单易用的开发接口和一系列辅助开发和调试的工具。

2. 任务管理与调度

得益于单一集群架构，集群内的所有服务器资源现在可以由一个统一的资源调度系统进行整合使用。因此，我们开发的数据导入、离线计算等程序都需要以任务的形式提交到调度系统。于是便有了对各种任务进行提交、状态跟踪、日志查询和执行周期性调度等需求。

所以大数据平台应该能提供一个可视化的任务管理与系统对内部对所有应用任务进行控制和监管。

3. 自助式数据探索分析

数据分析、数据挖掘可以说是一个循环往复的过程。不断地通过抛出假设、建立模型、验证假设、修正模型这样一个循环过程渐进明细。这些步骤通常需要专业的大数据开发工程师以代码编程的形式进行实现。然而，我们必须面对这样一个不幸的事实，专业的程序开发工程师通常不善于数据分析的理论和算法，而专业的数据科学家又不精通程序开发。能够同时精通数据分析和程序开发的人可谓是凤毛麟角。

所以大数据平台应该能够提供一个可视化的数据分析系统，可以让数据科学家使用类似 SQL 这样简单易学的方式进行自助式的数据分析，从而可以在不需要编写任何程序的情况下直接进行多种方式的数据探索与分析。

1.5 本章小结

通过本章的介绍，我们了解到了在一个企业之中，如果缺乏统一的大数据平台会出现的诸多问题，例如资源浪费、数据孤岛、服务孤岛和安全隐患等。那么，如果能够化零为整，在企业内部从宏观、整体的角度设计和实现一个统一的大数据平台，通过引入单一集群架构的概念去整合资源与服务，就能解决上述的种种问题，从而能够体现诸如资源共享、数据共享和服务共享的优势。

为了落实这样一个统一的大数据平台，我提出了一些平台应该具备的最基本的能力需求。

数据接入：在大数据的应用领域，自始至终都是围绕着数据在做文章。所以首先需要面对的是如何把海量数据接入到平台的问题。结合大数据来源多、类型杂、体量大的特征，可以得知大数据平台需要能够对接各种来源和各种类型的海量数据。

数据存储与查询：在数据接入进来之后，就需要开始考虑如何将数据持久化存储并提供数据查询能力的问题了。为了应对不同的业务场景，平台需要提供多种不同的存储媒介以满足千奇百怪的存储与查询需求，所以平台需要提供诸如关系型模型、非关系型模型以及文档模型的存储系统。

数据计算：在数据接入并存储下来之后，还需对数据进行进一步的加工、分析和挖掘，这就是数据计算的范畴了。这里包括离线批处理、实时计算、机器学习、多维分析和全文搜索等场景。

平台安全与管理：作为一个企业级大数据平台产品，安全问题自然不容小视。平台需要解决诸如用户管理、数据隔离与访问授权、访问控制和集群服务安全等问题。

平台辅助工具：大数据领域相比传统的企业级应用，在平台运维和程序研发等方面都显得更为复杂和困难。所以为了提高平台的易用性并降低平台的使用门槛，这里还需要提供一些平台的辅助工具，诸如程序开发套件、任务管理与调度系统、自助式数据探索分析系统等。

在下一章中，我们会了解到基于 Hadoop 生态体系去搭建一个具备上述能力的企业级大数据平台所需要用到的技术栈。

第 2 章

企业级大数据平台技术栈介绍

让我们将时间的指针拨回到 2002 年,那时候还没有"大数据"一词,处理海量数据的技术还不为众人所知。Doug Cutting 在创建了开源的全文搜索函数库 Lucene 之后想进一步提升,在 Lucene 上加入网络爬虫和一些 Web 服务。于是在 2002 年 10 月,Doug Cutting 和 Mike Cafarella 一起创建了开源的网络搜索引擎 Nutch。实现一个分布式的搜索引擎并不容易,在分布式环境中如何实现一个可靠的高可用系统一直都是个难题。2003 年 10 月,Google 发表了著名的《Google File System》论文,描述了 Google 内部使用的高可用的分布式文件系统 GFS。这篇论文给了 Doug Cutting 和 Mike Cafarella 很大的灵感,于是在 2004 年 7 月,他们在 Nutch 中实现了类似 GFS 的功能 NDFS(Nutch Distributed File System)。Nutch 面对的另一个问题是如何将海量的数据转化成索引文件。2004 年 10 月,Google 发表了著名的论文《MapReduce》,描述了 Google 内部使用的一种基于 MapReduce 模型的分布式计算框架。2005 年 12 月,Mike Cafarella 在 Nutch 中实现了 MapReduce 的首个开源版本。2006 年 1 月 Doug Cutting 加入 Yahoo,创建了 Hadoop 项目,试图将开源的 MapReduce 和 DFS 发展成一个真实可用的系统。

2006 年 2 月,Apache Hadoop 项目正式启动以支持 MapReduce 和 HDFS 的独立

发展。开源的大数据技术逐步进入了人们的视野。

如果在十年前，我们能够使用的开源技术可能仅仅只有 Hadoop 的 HDFS 和 MapReduce。经过这么多年的发展，现如今当我们提到 Hadoop 的时候早已不再单单指 Hadoop 这个开源项目本身了。Hadoop 一词已经成为大数据开源技术生态的代名词。Hadoop 的生态体系已经发展得非常丰富了，基于 Hadoop 生态催生出了各式各样的技术框架。我想其根本原因是因为人们对大数据的诉求已经从当年的"吃得饱"转变为现在的"吃得好"了。人们不单要求能够存储和计算海量数据，还想越来越廉价地存储海量数据，越来越快地计算数据。不仅如此，大数据涉足的领域也越来越广泛，像批处理、流计算、机器学习、人工智能和物联网等领域都能看到一些技术框架的身影。与此同时 Hadoop 生态体系也变得更为多元化了，出现了像基础设施、管理和服务等多种细分领域。

接下来会开始介绍基于 Hadoop 开源技术路线去实现一个企业级大数据平台会使用到的一些重要技术栈（更多的技术栈介绍请参见附录 B）。因为本书的定位不是对某个专项技术进行深入介绍的书籍，所以只会挑选一些我认为比较重要的组件进行介绍，目的是完善本书的上下文。如果读者想更加深入地了解每项技术，可以阅读相应组件的专项介绍书籍。

2.1 HDFS

2.1.1 概述

HDFS 是 Hadoop 分布式文件系统（Hadoop Distributed File System）的简称，它是一个被设计成适合运行在廉价机器上的分布式文件系统，是 Google 分布式文件系统（GFS）的开源实现。HDFS 能提供高吞吐量的数据访问，非常适合在大规模数据集上应用。同时也是一个具备高度容错性的系统。

把 HDFS 放在首位来介绍是因为它是如此的重要，称它为平台的基石也不为过。这是为什么呢？因为文件系统在软件系统架构中永远都是处于最为重要的基础部分。在传统的单机系统架构中,文件系统通常是由操作系统的文件系统直接支撑的,而 HDFS 在分布式系统架构中扮演着底层文件系统的角色,是其他分布式系统的基石。

如果想要实现一个分布式架构的系统,必然需要面对解决分布式存储的问题。因为作为一个健壮的、可扩展的分布式系统,自然而然地会有一些状态和数据需要进行持久化保存,这就会涉及分布式存储。如果一个分布式系统其底层的文件系统不是分布式的,那么它的存储就会存在单点问题,不能称为一个健壮的系统。

2.1.2 RAID 技术

在正式介绍 HDFS 的设计之前,我想先带大家回忆一下传统的 RAID(独立冗余磁盘阵列)技术。

RAID 技术是由加州大学伯克利分校在 1987 年提出的,最初是为了组合多个小的廉价磁盘来代替大的昂贵磁盘,同时希望磁盘损坏时不会使数据的访问受损而开发出的一种数据保护技术。RAID 可以提升硬盘速度和增大硬盘容量,并且提供容错功能以确保数据安全性。它易于管理的优点使得在任何一块硬盘出现问题的情况下都可以继续工作,应用程序不会受到损坏硬盘的影响。

1. RAID 0

RAID 0 的思路简单来说是将每个文件拆分成多个数据块,然后将各个数据块分别存储到多块不同的磁盘之上。在读写文件的时候可以采用异步并行的方式同时操作多个数据块,以此来提升文件的读写性能。其次通过这种方法也能突破单块磁盘的存储限制从而提升存储容量,如图 2-1 所示。

文件以数据块为单位被平均存储在不同的磁盘之上,两块磁盘之上不会存在相同的数据块。

2. RAID 1

RAID 1 的思路简单来说是将每个文件分成多个数据块,然后同时将一个数块冗余存储到多块不同磁盘之上。那么在一块磁盘损坏的情况下不会造成数据的丢失，如图 2-2 所示。

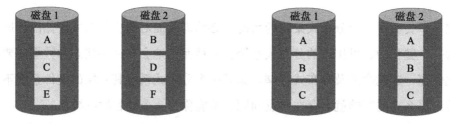

图 2-1　由两块磁盘组成的 RAID 0 示意图　　图 2-2　由两块磁盘组成的 RAID 1 示意图

文件以数据块为单位同时存储在多块磁盘之上，两块磁盘之上会存在相同的数据块。

3. HDFS 与 RAID

现在我们再回到 HDFS 这儿来。通过刚才对 RAID 技术的简单回顾我们不难发现，从某种角度来看 HDFS 最根本的设计思路其实和 RAID 技术是一样的，只是 HDFS 是从软件层面来实现的 RAID。

HDFS 首先以数据块作为文件的最基本单元，然后通过分块存储的方式增强数据的读写性能并突破单机的物理存储瓶颈（RAID 0）。接着使用数据块多份冗余存储的方式实现数据的可靠性，保证数据不会丢失（RAID 1）。

接下来我们介绍一下 HDFS 的一些重要特性。

2.1.3　核心设计目标

1. 硬件错误

在 HDFS 的运行环境中，硬件错误是常态而不是异常。因为 HDFS 集群可能是由成百上千的服务器所组成的，每个服务器上存储着文件系统的部分数据。这些服务器可能是廉价的通用硬件，这意味着它们不够稳定，随时可能损坏。因此错误检测和快速、自动恢复是 HDFS 最核心的架构目标。

2. 流式数据访问

运行在 HDFS 上的应用需要以流的方式访问它们的数据集，在这一点上它和普通的应用有所不同。HDFS 的设计中更多考虑是数据的批处理场景，而不是用户交互式处理。HDFS 更关注于数据访问的高吞吐量。

3. 大规模数据集

运行在 HDFS 上的应用具有很大的数据集。HDFS 上的一个典型文件大小通常都在 GB 级至 TB 级之间。因此，HDFS 被调试成支持大文件存储。它应该能提供整体上高的数据传输带宽，能在一个集群里扩展到数百个节点。一个单一的 HDFS 实例应该能支撑数以千万计的文件。

4. 简单的一致性模型

HDFS 应用需要一个"一次写入多次读取"的文件访问模型。一个文件经过创建、写入和关闭之后就不需要改变。这一假设简化了数据一致性问题，并且使高吞吐量的数据访问成为可能。

5. 移动计算比移动数据更划算

一个应用请求的计算，距离它操作的数据越近就越高效，在数据达到海量级别的时候更是如此。因为这样就能降低网络阻塞的影响，提高系统数据的吞吐量。将计算移动到数据附近，比将数据移动到应用所在之处显然更好。HDFS 提供了将应用移动到数据附近的接口的功能。

2.1.4 命名空间

HDFS 支持传统的层次型文件组织结构。用户或者应用程序可以创建目录，然后将文件保存在这些目录里。文件系统命名空间的层次结构和大多数现有的文件系统类似：用户可以创建、删除、移动或重命名文件。这种设计使得我们在使用 HDFS 的时候会感觉和使用本地文件系统毫无差异。

Namenode 负责维护文件系统命名空间的元数据和操作日志。其中，元数据由

fsimage 镜像文件保存，它等同于 HDFS 命名空间的一个快照文件，保存了所有文件的地址、描述和创建时间等信息。Namenode 在启动的时候会将 fsimage 中的信息载入内存以供客户端访问。而操作日志则由 edites 文件保存，任何对文件系统命名空间或属性的修改都将被写入 edites 文件并被记录下来，当 edites 文件的大小增长达到阈值的时候，HDFS 会将 fsimage 文件和 edites 文件进行合并，生成新的 fsimage 快照。

应用程序可以设置 HDFS 保存的文件的副本数目，这个信息也是由 Namenode 保存的。默认情况下文件的副本系数是 3，HDFS 默认的存放策略是将一个副本放在本地机架的节点上，一个副本放在同一机架的另外一个节点上，最后一个副本放在不同机架的节点上。

2.1.5 数据模型

与很多其他的文件系统类似，HDFS 也使用了数据块来作为它的最小数据存储单元。正如同在 RAID 技术小节里介绍的那样，HDFS 通过将底层物理的文件系统抽象成逻辑数据块，从而突破了单机磁盘的物理存储极限（类似 RAID 0），同时也提升了读写性能（类似 RAID 1），实现了冗余存储。

但与其他文件系统不同的是，在 HDFS 中一个典型的数据块大小是 128MB(HDFS 2.7 版本将默认的 64MB 升到了 128MB)，HDFS 中的每个文件都会被按照 128MB 切分成不同的数据块，每个数据块会按照设置的副本策略分布到不同的 Datanode 中。HDFS 中数据块的大小远远大于其他文件系统，这主要是针对大规模的流式数据访问而做的优化。更大的数据块意味着更多的文件顺序读写和更小的数据块管理开销。

2.1.6 Namenode 和 Datanode

HDFS 从设计上看是一个 Master/Slave 架构的服务，如图 2-3 所示。一个 HDFS 集群是由一个 Namenode 和一定数目的 Datanode 组成。Namenode 是一个中心服务器，负责管理文件系统的命名空间以及客户端对文件的访问。集群中的 Namenode 负责管理它所在节点上的存储。HDFS 暴露了文件系统的命名空间，用户能够以类似 Linux

文件系统的形式在上面存储数据。Namenode 执行文件系统的命名空间操作，比如打开、关闭、重命名文件或目录。它也负责确定数据块到具体 Datanode 节点的映射。Datanode 负责处理文件系统客户端的读写请求。在 Namenode 的统一调度下进行数据块的创建、删除和复制。

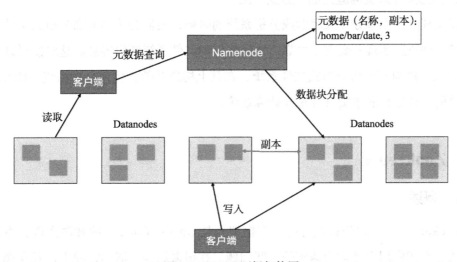

图 2-3　HDFS 逻辑架构图

客户端发送创建文件请求的时候这个请求其实并没有立即发送给 Namenode，HDFS 客户端首先会将文件数据缓存到本地的一个临时文件中去。直到这个临时文件的大小累积到了一个数据块的大小时，客户端才会联系 Namenode。Namenode 会记录这个文件的元数据并分配一个 Datanode 的数据块给它。之后客户端将本地临时文件传到指定的 Datanode 上。假设该文件的副本系数是 3，则当第一个 Datanode 接收到一小部分数据之后就将这部分数据写入本地仓库，并同时传输该部分到第二个 Datanode。第二个 Datanode 同样也会将接收到的小部分数据写入本地仓库，同时将该数据传输给第三个 Datanode。第三个 Datanode 收到数据之后将数据写入本地仓库。

2.1.7　使用场景

在所有的软件架构中，底层文件系统永远都是最为重要的基础设施之一。HDFS 作为 Hadoop 生态主要的分布式文件系统，可以说是一切其他系统的基石。

1. 文件服务器

因为 HDFS 具有分布式存储、高可用和友好的文件系统接口等特性，所以其可作为分布式文件服务器使用，用来存储海量的大型文件或附件。

2. 作为文件系统构造其他大数据产品

在实现一些大型分布式存储或分析系统的时候，我们必然会面临分布式文件存储的需求，而重新实现一套安全可靠、性能优异的文件系统谈何容易。这时便可以直接使用 HDFS 作为底层的分布式文件系统，在其上构造其他存储或分析系统。HDFS 移动计算的设计思想非常契合分布式计算系统。

2.2 Zookeeper

2.2.1 概述

Zookeeper 是一款分布式协同管理框架，是 Google Chubby 的开源实现，主要用来解决分布式应用中经常会遇到的一些问题。在很多场合交流的过程中，我发现大家对 Zookeeper 会有很多疑问。虽然我们在很多分布式系统中经常能够看到 Zookeeper 的身影，但是却说不出它到底是干什么的，它在分布式系统中扮演着什么样的角色。在很多 Zookeeper 的介绍中提到它是进行分布式系统协同管理的，那么分布式协同管理又到底是在管理些什么呢？

要回答上述的这些问题，我们首先要聊一聊实现一个分布式系统时会遇到的一些难题。既然是分布式系统，我们的程序进程自然会在多台服务器上协同进行工作，那么我们要解决的第一个问题是配置同步的问题。当配置文件有更新的时候，如何快速地将运行在多台服务器上的程序配置进行同步更新？Master/Slave 架构是分布式系统中常见的一种集群模式，即通过一个 Master 节点统一管理协调多个 Slave 节点。那么这里就会面临第二个问题，Master 节点如何感知 Slave 的存在？比如现在有多少个 Slave 连接到 Master 了？它们的状态是健康的还是异常的？当 Master 节点不可用的时候，通常需要从 Slave 节点中选举一个新的 Master 保持服务的正常运作，那么这个选举过程如何实现？

你看，我们只是随便聊了一会就列举出了这么多个令人头疼的问题。可想而知如果从零开始构建一个分布式的集群服务是多么困难。Zookeeper 的作用就是帮助我们来解决这些琐碎的令人头疼的事情。

如图 2-4 所示，Zookeeper 自身拥有高度的可靠性、可扩展性和容错性，能提供统一命名服务、分布式锁、分布式队列、选举、配置同步、心跳检查等功能。有了 Zookeeper 的帮助，开发实现一个分布式系统就会显得容易很多。像 HBase、Kafka、SolrColud 等众多知名框架都是使用 Zookeeper 实现分布式协同管理的。

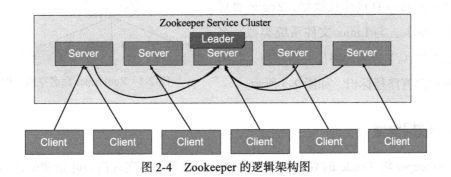

图 2-4 Zookeeper 的逻辑架构图

Zookeepr 的逻辑架构也是一个典型的主从架构，它从众多 Server 服务中通过选举产生一个主控节点。

2.2.2 核心特性

Zookeeper 的目标是基于自身去构建更为复杂的分布式应用场景，例如分布式数据库、分布式消息系统和分布式搜索引擎这类实时性要求很高的系统，所以它自身被设计得非常快速、非常简单。同时，为了能够支撑分布式场景下事务的一致性，Zookeeper 提供了一些核心特性：

- ❏ 顺序一致性：客户端发送的更新请求将按照发送的顺序进行执行。
- ❏ 原子性：更新操作只会有更新成功或失败两种状态，不会存在其他状态。

- **单一系统视图**：客户端连接到任意的服务器都将看到相同的数据视图。
- **可靠性**：一旦一个更新动作被执行，所有的服务器都将执行这个更新动作。
- **及时性**：客户端看到的视图在一定时间内保证是最新的。

2.2.3 命名空间

Zookeeper 允许分布式进程通过共享一个分层的命名空间来相互协同，这有点类似 Linux 文件系统的树形目录结构。这种结构在 Zookeeper 的术语中称为 Znodes。但与 Linux 文件系统不同的地方在于，它没有目录和文件之分，所有节点均被称为 Znode。并且 Znode 可以直接挂载数据，Znode 也可以嵌套 Znode。与 Linux 文件系统类似，名称是以斜杠（/）分隔的路径元素序列，其中每个节点都有路径标识，如图 2-5 所示。

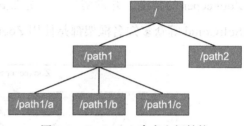

图 2-5　Zookeeper 命名空间结构

2.2.4 数据模型

Zookeeper 将 Znode 的数据保存在内存中，这是它能实现高吞吐量和低延迟性能的重要原因。为了增强可靠性，Zookeeper 会同时将这些数据以操作日志和快照的形式持久化到磁盘之上，以免进程重启的时候数据丢失。

Znode 节点分为三种类型，它们分别是：

- **Persistent Nodes**：Persistent Nodes 是永久有效的节点，除非 client 显式地删除它，否则它会一直存在。
- **Ephemeral Nodes**：Ephemeral Nodes 是临时的节点，仅在创建该节点 client 与服务器保持会话期间有效，一旦会话失效，Zookeeper 便会自动删除该节点。同时 Ephemeral Nodes 节点不能含有子节点。
- **Sequence Nodes**：Sequence Nodes 是顺序的节点，这类节点在创建的时候，Zookeeper 会自动在节点路径末尾添加递增序号。同时在创建的时候 client 也能设置它的生命周期是永久有效的还是会话绑定的。

2.2.5 节点状态监听

简单来说，Zookeeper 在 Znode 上设计了多种监听事件，例如创建一个子节点、修改节点、删除节点等。我们的客户端程序可以在这些监听事件中注册自己的回调函数，当某个事件发生的时候，就会自动触发其相应的回调函数。注意，在 Zookeeper 中回调函数是一次性的，这意味着一旦函数被触发，它就会被移出监听列表。如果程序需要永久的监听事件，就需要持续的进行回调函数注册动作。

Zookeeper 的节点监听机制是一项非常有意思的能力，利用这项能力可以在 Zookeeper 的基础上实现很多炫酷的功能。例如：

1. 服务发现

微服务架构是现在很热门的一种服务架构模式，其中的服务发现功能就可以通过 Zookeeper 实现。只需要在一个指定 Znode 上注册并创建子节点的监听事件，例如 /service 节点。当有新的服务上线之后便在 /service 节点下创建一个代表相应服务的子 Znode，这时就会触发相应的回调事件，我们的主程序就能知晓新上线的服务信息了。

2. 配置同步

在分布式系统中，当服务的配置发生变动时，如何快速及时地将配置变化更新到各个服务器，一直都是一个十分头疼的问题，借助 Zookeeper 的事件监听机制便能轻松实现。

首先，在 Zookeeper 上创建一个指定的 Znode 用于存储配置信息，例如 /app/config 节点。接着，让分布式系统中所有的服务进程监听 /app/config 节点的数据修改事件。当配置发生变化的时候，各个服务进程便会触发配置修改的回调函数，这样便能实现快速、可靠的配置同步功能了。

2.2.6 原子消息广播协议

ZAB（Zookeeper Atomic Broadcast）是一种数据分布式一致性算法，是 Paxos 算

法的简化版本。可以说 ZAB 是 Zookeeper 立足的根本。

在讲解 ZAB 协议之前，我们先简单回顾一下分布式一致性的发展历程。

1. 两阶段提交协议

在单机数据库时代，我们没有分布式数据一致性问题的困扰。通过数据库事务我们就能轻松达成 ACID 的特性从而保证数据的一致性。

知识扩展

ACID 是 Atomic（原子性）、Consistency（一致性）、Isolation（隔离性）和 Durability（持久性）的英文缩写。

1）原子性：将一组操作视为一个原子操作，操作要么全部执行，要么全部不执行。

2）一致性：一个事务在执行之前和执行之后数据库都必须处在一致性的状态。

3）隔离性：不同事务之间是相互隔离的。

4）持久性：一旦一个事务被提交，它对数据库中数据的改变应该是永久性的。

但是当我们进入分布式服务时代的时候，单机事务就显得力不从心了。在分布式服务的场景下，我们会有多个物理上独立的数据库分布在不同的服务器。从单独的视角来看，每个独立的数据库内部都能通过单机事务保证数据的一致性，但是如果一个操作同时涉及多个独立数据库的时候，就会出现数据不一致的情况。

于是人们设计了一种名叫两阶段提交（Two-PhaseCommit，2PC）的协议来解决这个问题。简单来说两阶段提交就是在客户端和多个数据库之间增加了一个事务协调者，同时将事务的提交分为准备和提交两个阶段。

（1）准备阶段

事务协调者给每个数据库发送 prepare 消息，每个数据库要在本地执行事务，写本地的 redo 和 undo 日志，但不提交事务。

大致流程如下：

1）事务协调者节点向所有数据库询问是否可以执行提交操作，并开始等待各参与者节点的响应。

2）数据库节点执行询问发起为止的所有事务操作，并将 undo 信息和 redo 信息写入日志。

3）数据库节点响应事务协调者节点发起的询问。如果数据库节点的事务操作实际执行成功，则返回一个"同意"消息；如果数据库节点的事务操作执行失败，则返回一个"中止"消息。

（2）提交阶段

如果事务协调者收到了数据库的中止消息或者等待超时，则直接给每个数据库发送 rollback 消息，要求进行回滚操作；如果事务协调者收到了数据库的同意消息，则发送 commit 消息，要求进行提交操作。执行完毕之后释放所有事务处理过程中使用的资源。

大致流程程如下：

1）事务协调者节点向所有数据库发起 commit/rollback 请求，并开始等待各参与者节点的响应。

2）数据库节点执行 commit/rollback 动作并释放事务占用的资源，之后向事务协调者发送完成消息。

3）事务协调者收到所有数据库的反馈消息后完成或取消事务。

两阶段提交看似解决了分布式数据一致性的问题，其实这个设计存在一些明显的问题：

1）**阻塞执行、速度慢：** 从刚才描述可以看出，协调者和数据库的一系列提交或回滚动作都是阻塞执行的，这必然导致整个分布式事务运行效率缓慢。

2）**单点问题**：两阶段提交的核心枢纽是事务协调者节点，如果这个节点失效了，那么整个事务机制也就瘫痪了。同时由于协调者失效，会导致数据库的资源一直占有无法释放。

3）**数据不一致**：试想一下，在提交阶段，当事务协调者向所有数据库发送 commit 请求之后，由于网络问题只有一部分数据库收到了请求消息并执行了 commit 动作，而另一部分数据库没有收到 commit 请求消息，多个数据库之间就会产生数据不一致的问题。

2. 三阶段提交协议

为了解决两阶段提交协议的缺陷，人们又提出了一个改进版本，这就是三阶段提交协议（Three-PhaseCommit，3PC）。将协调者和数据库都引入超时机制，以解决在协调者失效的时候，数据库会一直占有资源无法释放的问题，同时又将准备阶段拆分成了询问和准备两个阶段以增加容错概率。

（1）询问阶段

事务协调者给每个数据库发送 CanCommit 请求，每个数据库如果可以提交就返回 YES 消息，否则就返回 NO 消息。

大致流程程如下：

1）事务协调者节点向所有数据库发起 CanCommit 请求，并开始等待各参与者节点的响应。

2）数据库节点收到 CanCommit 请求之后如果可以提交，则返回 YES 消息并进入准备阶段。否则返回 NO 消息。

（2）准备阶段

事务协调者收到反馈后会有两种情况产生：

1）**数据库返回的消息均为 YES 消息，则执行事务预执行**。大致流程程如下：

①事务协调者节点向所有数据库发起 PreCommit 请求，并开始等待各参与者节

点的响应。

②数据库节点执行到询问发起为止的所有事务操作，并将 undo 信息和 redo 信息写入日志。执行成功后返回 ACK 应答，并进入等待。

2）数据库返回的消息含有 NO 消息或者等待超时，则执行事务中断。大致流程程如下：

①事务协调者节点向所有数据库发起 abort 中断请求。

②数据库节点收到 abort 请求之后执行事务中断。如果在超时之后还没收到事务协调者的任何消息，也执行事务中断动作。

（3）提交阶段

事务协调者收到反馈后会有两种情况产生：

1）协调者收到所有 ACK 应答，则执行事务提交。大致流程程如下：

①事务协调者节点向所有数据库发起 DoCommit 请求，并开始等待各参与者节点的响应。

②数据库节点执行执行 commit 动作并释放事务占用的资源，之后向事务协调者发送 ACK 消息应答。

③事务协调者收到所有数据库的反馈消息后完成事务。

2）协调者没有收到所有 ACK 应答，则执行事务中断。大致流程如下：

①事务协调者节点向所有数据库发起 abort 中断请求。

②数据库节点收到 abort 请求之后执行事务回滚，并向事务协调者发送 ACK 消息应答。

③事务协调者收到所有数据库的反馈消息后完成事务中断。

从三阶段提交的流程来看，已经解决了两阶段提交中一些问题，但还是会出现数据不一致的问题。因为当进入第三阶段也就是提交阶段的时候，如果数据库在超时前没有收到 DoCommit 或 abort 消息，那么它最终会执行 commit 动作。

试想一下如果在提交阶段事务协调者没有收到所有 ACK 应答，那么它会发送 abort 中断事务的请求。碰巧这个时候网络发生了抖动导致一部分数据库没有收到 abort 消息，那么收到消息的数据库会执行事务中断，而没有收到 abort 消息的数据库最终执行为 commit 动作，这就导致数据不一致了。

3. Paxos 协议

为了完美解决分布式场景下数据一致性的问题，Paxos 算法诞生了。Paxos 算法原文十分难理解，由于篇幅有限，这里主要是通过作者 Leslie Lamport 另一篇相对简单的论文《Paxos Made Simple》来进行简单描述。具体的内容可以查看 Paxos Made Simple 论文的全文。

假设有一组可以提出提案的进程集合，提案用［编号，值］的形式来描述，一致性算法需要保证以下几点：

- 只有当一个提案被提出后才能被选定。
- 这些进程集合中只有一个提案会被选定。
- 如果某个进程认为某个提案被选定了，那么这个提案确实是已经被选定了。

该一致性算法分为三个角色，我们用 proposer、acceptor 和 learner 来表示。proposer 可以批准提案，acceptor 可以提交提案，而 learner 只能获取已经被批准的提案。

阶段一：

1) proposer 选择一个提案编号 n，然后向超过半数的 acceptor 发送编号 n 的 prepare 请求。

2) 如果一个 acceptor 收到了一个编号为 n 的 prepare 请求，并且编号 n 大于这个 acceptor 之前已经响应的 prepare 请求的编号，那么它就会将已经批准过的最大编号的提案作为响应发送给 proposer，并且承诺不会再批准任何编号小于 n 的提案。

阶段二：

1）如果 proposer 收到了半数以上的 acceptor 对编号 n 的 prepare 请求的回应，那么它就会发送一个针对 [n, v] 提案的 accpet 请求给那些 acceptor。这里 v 的值就是收到的响应中编号最大的提案的值。

2）如果 acceptor 收到了这个针对 [n, v] 提案的 accpet 请求，只要该 acceptor 还没有对编号大于 n 的提案进行响应，它就会通过这个提案。

Paxos 通过引入过半提交的概念解决了在两阶段和三阶段提交协议中会出现的种种问题。正如 Chubby 的作者 Mike Burrows 所说的那样，这个世界上只有一种分布式一致性算法，那就是 Paxos。

4. ZAB 协议

Paxos 算法理论虽然完美，但是实现起来太过复杂，因为它的目标是构建一个去中心化的、通用的分布式一致性算法。而且 Paxos 算法只在乎数据的一致性而并不关心事务请求的顺序，这一点并不能满足 Zookeeper 的要求。因为 Zookeeper 的命名空间是一个树形结构，对执行的顺序有严格要求。于是 Zookeeper 借助了 Paxos 过半提交的思想将两阶段提交进行优化改造，ZAB 就这样诞生了。

ZAB 协议中有三种角色：

- **Leader**：所有的写请求首先都会转发到 Leader 节点上，Leader 节点上的数据变更会同步到集群的 Follower 节点上。
- **Follower**：负责同步 Leader 节点的数据，并提供数据的查询功能。当 Leader 节点失效的时候有权利参与投票选举。
- **Observer**：同步 Leader 节点的数据，并提供数据的查询功能。没有投票选举。Observer 的设计目的是提高集群的查询性能。

和 Paxos 有所不同，ZAB 并不是一个无中心化的架构，在任意时刻 ZAB 都保持有且仅有一个 Leader 节点，所有的更新事务都只能由这个 Leader 发起。并且当一个 Leader 失效以后，新的 Leader 只有在之前 Leader 的事务都被处理之后才能发起新的事务。通过这种机制，ZAB 协议保证了全局的事务顺序。在更新阶段 ZAB 使用的就是一个优化过的两阶段提交，这里借助了 Paxos 的思想，只要过半的节点 prepare 成功，就会发起 commit 请求。如果想查看 ZAB 完整的协议内容可以阅读它的论文《Zab: High-performance broadcast for primary-backup systems》。⊖

2.2.7 使用场景

Zookeeper 作为一款强大的分布式协调系统，可以帮助分布式系统完成一些难以实现却又十分重要的功能。

1. 统一命名服务

Zookeeper 的命名空间是一个类似于 Linux 文件系统的树形结构，它的每个 Znode 都拥有唯一的路径标识符。利用这个特性分布式系统，可以将 Zookeeper 当作统一命名服务来使用，类似 Java 中的 JNDI。

2. 心跳感知

利用 Zookeeper 中 Znode 临时节点类型的特性，可以实现心跳感知的功能。例如可以在 Zookeeper 上创建一个根目录，如 /cluster1。利用 Znode 临时节点类型的特性，当某个集群服务进程启动的时候，可以在 /cluster1 上创建代表自己服务的临时节点，用以表示其会话状态。由于临时节点是会话绑定的，所以当节点存在的时候即代表状态正常，当进程失效的时候，节点客户端会话也会失效，这时临时节点也会被删除。这样，只要查看临时节点的存活状态便能一览集群状态了。

3. 选举

Zookeeper 能够保证当多个客户端同时创建一个相同路径节点的时候，只会有一个客户端成功。借用这个机制我们可以实现选举功能。因为在同一时刻，有且仅有一个客户端会成功创建节点，这个创建成功的客户端就是选举的胜者。

⊖ 论文地址：https://pdfs.semanticscholar.org/b02c/6b00bd5dbdbd951fddb00b906c82fa80f0b3.pdf

2.3 HBase

2.3.1 概述

HBase 的出现很好地弥补了大数据快速查询能力的空缺。让我们再次将时间拨回到 2006 年，那时 Hadoop 项目已经正式启动，开源社区已经拥有了 HDFS 和 MapReduce。通过 HDFS 我们拥有了能够存储海量文件的分布式文件系统。通过 MapReduce 我们拥有了一种对海量数据进行批处理操作的途径。但是这还不够，我们在大数据领域还没有一款能够称为数据库的产品。就在 2006 年年末，Google 发表了著名的 Bigtable 论文。此后 HBase 便诞生了。

HBase 是一个构建在 HDFS 之上的、分布式的、支持多版本的 NoSql 数据库。它也是 Google BigTable 的开源实现。HBase 非常适合于对海量数据进行实时随机读写。HBase 中的一张表能够支撑数十亿行和数百万列。

HBase 从设计上来讲是一个由三类服务组成的 Master/Slave 架构服务。HBase Master 进程负责处理 Region 分配、DDL（create、delete 表）这类操作。数据的读写由 Region-Servers 进程负责处理。底层数据存储和集群协同管理则交由 HDFS 和 Zookeeper 进行管理，如图 2-6 所示。

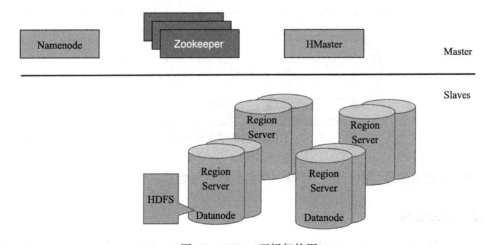

图 2-6　HBase 逻辑架构图

HBase 的所有数据最终都以 HDFS 文件的形式进行存储，Region Server 服务通常是伴随着 HDFS 的 Datanode 进行部署的，这样可以更好地利用数据本地性的优势。

HBase 采用主从架构。其分布式协调是通过 Zookeeper 进行管理的，而数据的物理存储最终会以文件的形式存储到 HDFS。

2.3.2 数据模型

HBase 是一个 NoSQL 数据库，它通过一个四维数据模型定义数据，如图 2-7 所示。

- **RowKey**：HBase 中的每行数据都必须拥有一个唯一的行键，它类似于关系型数据库中的主键。
- **Column Family**：HBase 中的每个列都归属于一个列簇，它类似于子表的概念。一个列簇对应一个 MemStore 对象。
- **Column**：HBase 用列来定义数据属性字段，和关系型数据库中的表字段类似。
- **Version**：HBase 中的数据是有版本概念的，每次新增或者修改数据都会产生一个新的版本。

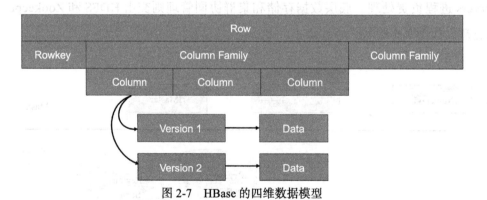

图 2-7　HBase 的四维数据模型

HBase 的数据模型由行键、列簇、列名和版本号组成。

2.3.3 Regions

HBase 的表以 RowKey 的起止区间为范围被水平切分成了多个 Region。每个 Region

中包含了 RowKey 从开始到结束区间的所有行。这些 Region 被分配到的集群节点称为 RegionServers，RegionServers 负责提供 HBase 中数据的读写功能。一个 RegionServer 可以容纳大约 1000 个 Region，如图 2-8 所示。

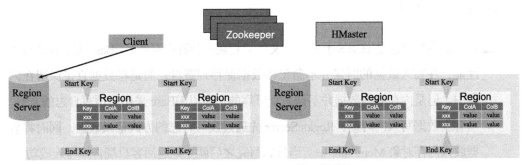

图 2-8　HBase Regions 的逻辑结构

一个 Region Server 包含了多个 Region，每个 Region 包含了一部分数据。

2.3.4　HBase Master

HBase Master 主要负责 Region 的分配和一些 DDL 操作，如图 2-9 所示。HBase Master 在启动、失败恢复或者负载均衡的时候为 region 指定所属的 RegionServer，或者是创建、删除和更新表的这类操作。

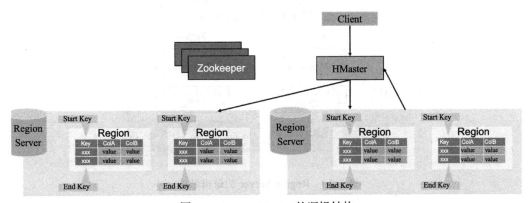

图 2-9　HBase Master 的逻辑结构

HMaster 作为主控节点并不直接存储数据，它只是做一些统筹分配和 DDL 操作。

2.3.5 Region Server

之前我们提到过，为了利用 HDFS 数据本地性的能力，通常会将 RegionServer 一同安装在 HDFS 的 Datanode 所在的服务器之上，如图 2-10 所示。RegionServer 自身包含这么几个部分：

- **WAL**：预写日志是 HDFS 上的一个文件，它是一种容灾策略。HBase 为了提高写入性能，在写入数据的时候并不急于将数据保存到磁盘，而是将数据直接保留在内存中。但是内存中的数据并不是一直可靠的，所以 HBase 采用了预写日志的方案。当有新数据写入的时候，RegionServer 先通过预写日志的方式记录数据，同时将数据放入内存对象 MemStore 中。当日志写完之后就立刻返回客户端告知写入成功。
- **BlockCache**：数据块缓存是一种读缓存，客户端读取数据的时候会先从这个缓存中查找有没相应的数据。块数据缓存采用 LRU 失效策略。
- **MemStore**：MemStore 是一种写缓存，HBase 为了提升写入性能不会直接将数据刷入磁盘而是先使用 MemStore 内存对象存储数据。再通过一个守护线程定期将 MemStore 刷入磁盘。在一个 region 中每个列簇都拥有一个 MemStore。
- **Hfile**：Hfile 是 HBase 最终数据存储的载体，它本质上是 HDFS 上的一个文件。

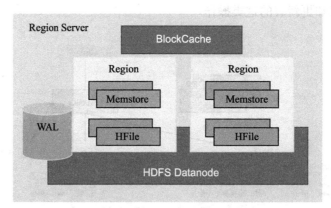

图 2-10　Region Server 的逻辑结构

Region Server 是 HBase 中真正存储数据的地方，它主要由 WAL、BlockCache、MemStore 和 HFile 组成。

2.3.6 MemStore 与 HFile

为了提高数据写入时的吞吐量，HBase 并不会实时的将写入的数据直接刷入磁盘，而是先将数据放入内存中进行保管，MemStore 对象就是负责此项任务的逻辑对象，它将数据以 Key-Values 的形式保存在内存中。

将数据直接放入内存读写虽然很快，但这样做并不安全，因为一旦服务器重启数据便会全部丢失。所以 HBase 在此处设计了一种预写日志结合 MemStroe 的方式来解决这个问题。

当客户端向 HBase 发起一次写入请求的时候，HBase 首先会通过 RegionServer 将数据写入预写日志，之后再用 MemStore 对象将数据保存到内存之中。由于有了预写日志，当服务出现故障重启之后，Region 可以通过日志将数据复原到 MemStore。

HBase 的这种写入策略极大地提升了其数据写入的吞吐量，因为一旦写入日志的动作完成了就算写入数据成功。同时预写日志是对磁盘文件的顺序写入操作，其写入速度也十分的迅速。

但是，毕竟内存空间是有限的，MemStore 不可能没有限制的存储数据。所以当一个 MemStore 存储的数据达到某个阈值的时候，HBase 会将这个 MemStore 的数据通过 HFile 的形式写入磁盘并清空该 MemStore。

HFile 是 HBase 最终存储数据的载体，它本质上对应的是 HDFS 的文件。因为 HFile 是以经过排序的 Key-Values 对象的形式进行存储的，所以它的在写入文件的时候只需要采用顺序写，写入速度非常快。HFile 的逻辑架构如图 2-11 所示。

2.3.7 使用场景

HBase 由于它强大的存储和查询性能使得它在大数据领域成为一个多面手。

1. 平台存储

由于 HBase 构建在 HDFS 之上，这意味着它能像 HDFS 一样实现存储的线性扩容。同时它又能提供毫秒级的查询性能。所以它可以作为其他大数据组件的低层存储支持。比如 Apache Kylin 就是使用 HBase 作为其数据索引的存储载体。

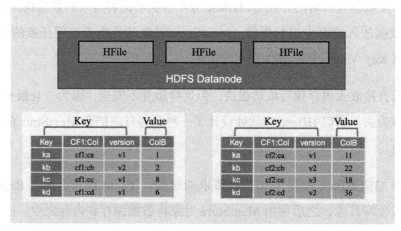

图 2-11　Region Server 的逻辑结构

2. 应用存储 / 缓存

由于 HBase 出色的写入性能，它非常适合大规模数据的实时写入场景。比如在流计算、用户行为数据存储等场景就非常适合使用 HBase 进行存储。

2.4　YARN

2.4.1　概述

随着 Hadoop 生态的发展，开源社区出现了多种多样的技术组件。有用来构建数据仓库的 Hive，也有基于内存的计算框架 Spark，还有我们之前介绍过的 NoSQL 数据库 HBase 等。这些技术组件的出现，极大地丰富了大数据的生态体系，但同时也引出了一些新的问题。作为一个大数据底层支撑平台，同时部署 Hive、HBase 和 Spark 等多种技术组件是一件十分平常的事情。这些为大数据场景设计的技术组件可以说个个都是消耗资源的大户，这些资源包括服务器的 CPU 和内存。通常这些技术组件都有一套自己的资源调度系统用来管理任务的资源分配，但当它们同时部署在一起的时候就出问题了。这时会有两种情况产生，第一种情况是某些组件可能申请不到服务器资源。比如一台拥有 32G 内存的服务器同时部署了 HBase 和 Spark，HBase

的 RegionServer 启动时占用了 20GB 内存，这时 Spark 开始执行某个任务也需要使用 20GB 内存，但这时发现没有足够的内存资源使用了。因为从每个组件独立的视角来看他们都认为自己能使用 100% 的服务器资源，但服务器资源的总量就那么多，不可能同时满足所有组件的需求。第二种是可能会出现资源分配不合理的情况，导致整体资源使用率偏低。我们同样用刚才的场景举例，Spark 启动了一个任务申请使用 30GB 的内存，但是实际上它的程序逻辑并不需要使用这么多资源。这就出现了一种 HBase 没有资源什么事情也做不了，但 Spark 占用了资源却没有事情可做的局面。

为了解决类似的问题，我们需要一种通用的资源调度框架，对整个集群的资源进行统筹管理。

YARN 就是一款优秀的集群资源调度框架。YARN 是 Yet Another Resource Negotiator 的缩写，它是 Hadoop 的第二代集群资源调度框架。解决了 Hadoop 第一代集群资源调度框架上可靠性差、扩展性差等一系列问题，同时 YARN 从 MapReduce 中完全独立出来，从专门支持 MapReduce 任务调度升级成为了一个支持多种应用类型的通用集群资源调度框架。除了 MapReduce 之外，Spark、Hive 等一系列服务都可以作为应用运行在 Yarn 之上，统一使用 Yarn 为整个集群资源进行宏观的调度与分配，如图 2-12 所示。

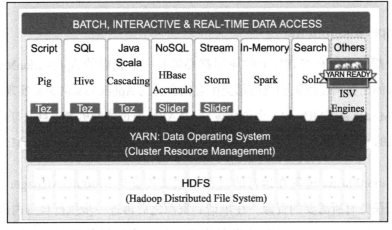

图 2-12　YARN 的逻辑结构㊀

㊀ 图片来源 https://hortonworks.com/apache/yarn/

2.4.2 资源模型和 Container

YARN 将服务器资源进行了抽象封装，它使用 Container 对象代表申请资源的基本单元。这些资源包括资源名称（服务器名称、机架等）、内存和 CPU，YARN 通过 Container 机制将服务器资源进行了隔离。每个应用都可以通过 ApplicationMaster 向 ResourceManager 申请资源，当 ApplicationMaster 向 ResourceManager 申请资源时，ResourceManager 返回的资源使用 Container 的个数来表示，比如一个 Spark 计算任务需要 5 个 Container 资源。

2.4.3 ResourceManager

ResourceManager 是一个全局的资源管理器，负责整个系统的资源管理和分配以保证整个集群的高效运行。它会根据容量、队列等限制条件（如每个队列分配一定的资源，最多执行一定数量的作业等），将系统中的资源分配给各个正在运行的应用程序。ResourceManager 只负责根据各个应用程序的资源请求进行资源分配，不参与任何与具体应用程序相关的工作，比如不负责监控或者跟踪应用的执行状态等，也不负责重新启动因应用执行失败或者硬件故障而产生的失败任务，这些均交由应用程序相关的 ApplicationMaster 完成。资源分配单位用的是我们刚才介绍过的 Container 对象。此外，ResourceManager 还支持一个可插拔的调度器插件来支持多种资源调度策略，比如使用公平调度或是容量调度。

2.4.4 ApplicationMaster

每一个想要运行在 YARN 上的应用都必须有一个相应的 ApplicationMaster 实现，应用将内部的任务调度逻辑和监控都交由它们自己的 ApplicationMaster 实现类来处理。ApplicationMaster 是 YARN 的一个创新设计，YARN 通过这种机制将自己打造成了一个扩展性极强的通用资源调度框架，因为它允许用户开发自己的 ApplicationMaster 实现。

ApplicationMaster 进程在运行的过程中主要负责与 ResourceManager 进行通信，以申请执行任务时所需要的资源，在申请到资源之后再进一步执行自身内部的调度任务。同时 ApplicationMaster 也负责监控自己运行的内部任务状态，在任务失败的时候重新为任务申请相应资源并重启任务。

ApplicationMaster 通常作为一个应用的主进程，主要用来扮演拆分子任务、汇总结果数据这类的总体调度，比如 Spark 的 Driver 进程。而真正的执行程序业务逻辑的进程是在 NodeManager 进程上执行的。

2.4.5 NodeManager

NodeManager 是每个服务器节点上的资源管理器，负责管理自己所处服务器 Containers 的整个生命周期。在 YARN 上运行的应用最终的逻辑执行程序（比如 Spark 的 task、MapReduce 的 job）都会在 NodeManager 的 Container 中运行，可以说 NodeManager 是 YARN 计算节点的代理，因为 ResourceManager 只会将任务分配到启动了 Node-Manager 进程的服务器。

当 NodeManager 进程启动的时候它会向 ResourceManager 进行注册，并定时汇报自己所在服务器的资源使用情况和 Container 运行状态，同时它也接受并处理来自 ApplicationMaster 的 Container 启动和停止等各种请求。

2.4.6 单一集群架构

通过上面的介绍我们不难发现，ResourceManager、NodeManager 和 Container 组件都不关心具体的应用程序或任务的类型，只有 ApplicationMaster 才是应用类型相关的。YARN 通过使用开放 ApplicationMaster 的集成方式，允许第三方应用框架便捷的和 YARN 进行集成。这才有了像 MapReduce On YARN、Storm On YARN、Spark On YARN 和 Tez On YARN 等众多第三方应用集成方案的出现。

通过这种资源共享的单一集群架构，我们在企业内部可以实现服务器资源真正的共享使用，以达到降低技术集成成本和增强资源整体利用率的目的。

2.4.7 工作流程

接下来我们简单看一下 YARN 的整个工作过程，如图 2-13 所示。

1）用户向 YARN 中提交应用程序。

2）ResourceManager 为该应用程序找到一个可用的 NodeManager 并分配第一个

Container，然后在这个 Container 中启动应用程序的 ApplicationMaster。

3）ApplicationMaster 向 ResourceManager 进行注册，这样用户就可以通过 ResourceManager 查看应用程序的运行状态并对任务进行监控。

4）ApplicationMaster 采用轮询的方式通过 RPC 协议向 ResourceManager 申请和领取资源。

5）ApplicationMaster 申请到资源后与对应的 NodeManager 通信，要求它启动 Container 并为任务设置好运行环境。

6）应用程序的任务开始在启动的 Container 中运行，各个任务向 ApplicationMaster 汇报自己的状态和进度，以便 ApplicationMaster 随时掌握各个任务的运行状态，从而可以在任务失败时重新启动任务。

7）应用在运行的过程中，客户端通过轮询的方式主动与 ApplicationMaster 通信以获得应用的运行状态、执行进度等信息。

8）应用程序运行完成后，ApplicationMaster 向 ResourceManager 注销并关闭自己。

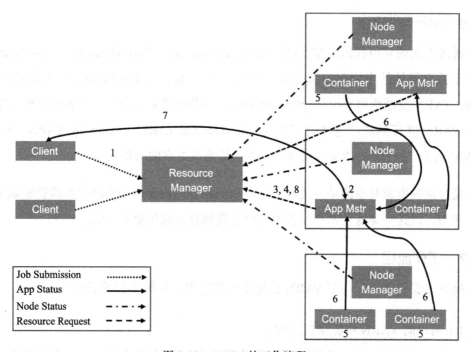

图 2-13　YARN 的工作流程

2.4.8 使用场景

基于 YARN 扩展性强、可靠性强、支持多用户和支持多应用的特点，它非常适合于支撑企业内部构建统一的资源共享型大数据平台。借助 YARN 我们可以真正实现通过一套资源调度系统集成所有应用组件的单一大集群架构。

1. Spark 任务调度

Spark 是一款分布式内存计算框架，在下一小节会详细介绍它。Spark 可以将自身的任务调度部分委托 YARN 进行管理，从而实现集群资源高效整合与利用。

2. MapReduce 任务调度

同样的，MapReduce 任务的整个生命周期都可以借助 YARN 进行管理，包括任务的分配、资源的调度，等等。

2.5 Spark

2.5.1 概述

十年前我们只有 Hadoop，大家首先通过 HDFS 实现海量数据的共享存储，然后使用 MapReduce 以批处理的方式处理这些海量数据，这一切看起来似乎十分完美。但众口难调啊，有人觉得 MapReduce 的编程模型太难使用了，为什么不能使用 SQL 来分析数据呢？我们数据库领域已经有非常成熟的数据仓库模型了，为何不实现一个大数据技术的数据仓库呢？于是 Hive 类的框架便诞生了，人们开始使用 Hive 类的框架来构建大数据技术的数据仓库，使用 SQL 查询数据。接着人们又开始诟病 MapReduce 的执行效率太慢，因为它本质上是面向批处理场景的，难以支撑一些实时性要求很高的场景，我们需要一种能够支撑流计算的架构，于是 Storm 类的框架诞生了。人们开始使用 Storm 这类框架处理流计算场景。接着伴随垃圾邮件分析、商品推荐、金融风控这类应用场景需求的出现，又迫使我们需要在大数据场景下具备机器学习的能力，于是乎 Mahout 类的框架出现了，人们使用它们来进行大数据下的机器学习。

随着越来越多来自应用领域的细分需求,人们从最初 Hadoop 的 HDFS 和 MapReduce 开始,一步步地构造出了各种细分领域的技术框架。有专攻处理批处理场景的,有专攻数据仓库场景的,有处理流计算场景的,也有专职机器学习的。在我看来这有点像在给 Hadoop 打补丁,因为 Hadoop 在设计之初根本没有考虑过这么多的场景,它只是为了支撑离线批处理。但是需求摆在这里,为了实现目标只得另起炉灶通过设计一个全新的系统满足需求。这种现状造成了很多问题。

- **重复工作**:不同的系统之间都需要解决一些相同的共性问题,比如分布式执行和容错性。例如 MapReduce、SQL 查询引擎和机器学习系统都会涉及聚合操作。
- **组合**:不同系统之间的组合使用非常"昂贵",因为不同系统之间无法有效的共享数据。为了组合使用我们需要将数据在不同的系统之间频繁的导出导入,数据用来移动的时间可能都会超过计算的时间。
- **维护成本**:虽然这些系统从每个个体的角度来看都十分优秀,但是它们都是在不同时期由不同的团队设计实现的,其设计思路和实现方式也各不相同。这导致平台在部署运维这些系统的时候十分痛苦,因为它们差异太大了。
- **学习成本**:系统之间巨大的差异性对于开发人员来讲更是如此,这些技术框架拥有不同的逻辑对象、专业术语、API 和编程模型,每种框架都需要重新学习一遍才能使用。

Spark 意识到了这个问题,作为一个后起之秀它拥有天然的优势。Spark 诞生于 2012 年,那个时候 Hadoop 生态已经经过了 6 个年头的发展,其生态格局已经成型。Spark 已经能够看清大数据有哪些细分领域,同时 MapReduce、Hive、Storm 等开源组件也已经发展多年,Spark 也能够了解到它们的长处和不足。

于是 Spark 横空出世,发展至今,已成为目前开源社区最为火爆的一款分布式内存计算引擎。Spark 使用 DAG(有向无环图)模型作为其执行模型,并且主要使用内存计算的方式进行任务计算。Spark 基于一套统一的数据模型(RDD)和编程模型(Trans-foration /Action)之上,构建出了 Spark SQL、Spark Streaming、Spark MLibs

等多个分支，其功能涵盖了大数据的多个领域，如图 2-14 所示。

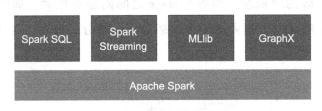

图 2-14　Spark 涵盖的领域

Spark 通过统一的数据模型和编程模型，构造出了 SQL 查询、流计算、机器学习和图计算等多个分支库。

2.5.2　数据模型

RDD 是弹性分布式数据集（Resilient Distributed Datasets）的缩写，它是 MapReduce 模型的扩展和延伸。Spark 之所以能够同时支撑大数据的多个领域，在很大程度上是依靠了 RDD 的能力。虽然批处理、流计算、图计算和机器学习这些计算场景之间初看起来风马牛不相及，但是它们都存在一个共同的需求，那就是在并行计算阶段能够高效的共享数据。RDD 的设计者们洞穿了这一现象，于是通过高效的数据共享概念和类似 MapReduce 的操作设计了 RDD，使得它能模拟迭代式算法、关系查询、MapReduce 和流式处理等多种编程模型。同时它也是一个可容错的、可并行的数据结构，可以让用户指定将数据存储到磁盘和内存中，并能控制数据的分区。同时它还提供了一些高效的编程接口操作数据集。

2.5.3　编程模型和作业调度

Spark 将 RDD 的操作分为两类：转换（transformation）与行动（action）。转换操作是一种惰性操作，它只会定义新的 RDD，而不会立即执行。而行动操作则是立即执行计算，它要么返回结果给 Driver 进程，或是将结果输出到外部存储。常见转换操作如 map、flatMap、filter 等，常见行动操作如 count、collect 等。

当用户对一个 RDD 执行了行动操作之后，调度器会根据 RDD 的依赖关系生成一个DAG（有向无环图）图来执行程序。DAG由若干个stage组成，每个stage内都包含多个连续的窄依赖。而各个stage之间则是宽依赖。如图2-15所示，实线方框代表的是RDD。方框内的矩形代表分区，若分区已在内存中保存则用黑色表示。

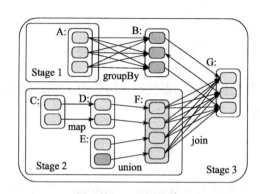

图2-15　Spark任务拆分示意

2.5.4　依赖

RDD作为数据结构，本质上是一个只读的分区记录集合。一个RDD可以包含多个分区，每个分区是一个数据片段。RDD可以相互依赖。如果父RDD的每个分区最多被一个子RDD的分区使用，则称之为窄依赖；若多个子RDD分区依赖一个父RDD的分区，则称之为宽依赖。不同的操作依据其特性，可能会产生不同的依赖。例如map操作会产生窄依赖，而join操作则产生宽依赖。

Spark之所以将依赖分为两种，基于两点原因。首先，窄依赖支持在同单个集群上以管道的形式式执，例如在执行了map后，紧接着执行filter。相反，宽依赖需要所有的父RDD数据都可用并通过shuffle动作才可继续执行。

其次，窄依赖的失败恢复更加高效，因为它只需要重新计算丢失的父分区，并且这些计算可以并行的在不同节点同时进行。与此相反，在宽依赖的继承关系中，单个失败的节点可能导致一个RDD的所有先祖RDD中的一些分区丢失，导致计算的重新执行。如图2-16所示，说明了窄依赖与宽依赖之间的区别。

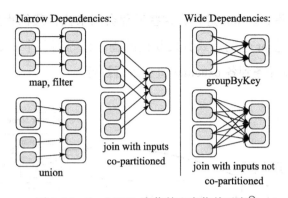

图 2-16 SparkRDD 宽依赖和窄依赖示意○

2.5.5 容错

传统分布式系统的容错方案有数据复制和恢复日志两种方案。对于以数据为中心的系统而言,这两种方式都非常昂贵,因为它需要跨集群网络复制大量数据,而网络带宽的速度远远低于内存访问的速度。

RDD 天生是支持容错的。首先,它自身是一个不变的数据集,其次,Spark 使用 DAG 作为其执行模型,所以它能够通过 RDD 的依赖特性记住一系列操作生成一张 DAG 图。因此当执行的任务失败时,Spark 只需根据 DAG 图进行重新计算即可实现容错机制。由于无须采用复制的方式支持容错,Spark 很好地降低了跨网络的数据传输成本。

2.5.6 集群模式

Spark 的应用以一组独立进程的形式运行在一个集群之上,由主程序中的 SparkContext 对象进行协调(也被称为 driver 程序)。Spark 目前支持三种集群运行方式。

具体来说,Spark 既可以通过 standlone 模式独立运行,也可以运行在 Mesos 或者 YARN 之上。如图 2-17 所示,一旦 SparkContext 连接到集群,Spark 首先会从集

○ 图片来源 https://www2.eecs.berkeley.edu/Pubs/TechRpts/2014/EECS-2014-12.pdf

群的节点中获得一些 executor 进程，这些进程会用来执行我们程序中的计算和存储逻辑，接着它会通过 jar 包的形式分发我们的程序代码到各个 executor 进程。最后，SparkContext 会分派任务到各 executor 进程进行执行。

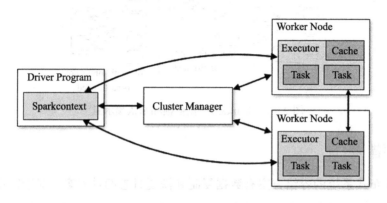

图 2-17　Spark 任务进程示意

每个应用都拥有自己的 executor 进程，这些进程会在整个应用生命周期内持续运行并以多线程的方式执行具体的任务。这种设计的好处是将各个应用之间的资源消耗进行了隔离，每个应用都运行在它们各自的 JVM 中。但是这也意味着不同应用之间的 SparkContext 无法共享数据，除非借助扩展的存储媒介。

Spark 对底层集群管理不可知。只要能够获取到 executor 进行，并且这些进程之间可以通信，它就能比较容易的运行在其他通用集群资源调度框架之上，如 Mesos 和 YARN。

2.5.7　使用场景

Spark 借助其 RDD 的出色设计，做到了横跨多个领域的支撑。这意味着我们在一套程序逻辑之中可以集成多种操作。例如使用 SQL 查询过滤数据，然后进行机器学习或是通过 SQL 的方式操作流数据。在提升便利的同时也降低了开发人员的学习曲线，基于 Spark，只需要学习一套编程模型即可处理多个领域。所以将 Spark 作为平台的一站式计算解决方案是再合适不过了。

2.6 本章小结

通过对本章的学习，了解了基于 Hadoop 生态体系构建的企业级大数据平台中会用到的一些技术栈，并简单介绍了各技术框架的核心概念，现在回顾总结一下。

HDFS 作为一款分布式文件系统，能够存储海量的文件数据，同时它拥有完善的错误恢复机制，其友善的文件接口和移动计算设计也非常适合应用于大数据场景下的存储与分析场景。可以说 HDFS 是整个平台架构里的基石。

Zookeeper 是一款分布式协同框架，它通过 ZAB 协议能够保证在分布式场景下高效地实现事务的一致性。结合 Zookeeper 高可用、高性能、事件监听等特性和机制，使其能够实现分布式场景中一些难以实现却又必不可少的功能，例如统一命名、心跳检查、选举和配置同步等。借助 Zookeeper，可以降低分布式系统的实现难度，将分布式场景下系统间的协调工作都交由 Zookeeper 实现。

HBase 是一个构建在 HDFS 之上的、分布式的、支持多版本的 NoSQL 数据库，它的出现补齐了大数据场景下快速查询数据能力的短板。它非常适用于对平台中的热数据进行存储并提供查询功能。

YARN 是一款能够支持多种应用类型的通用集群资源调度框架。除了 MapReduce 之外，Spark、Hive 等一系列服务都可以作为应用运行在 YARN 之上，统一使用 YARN 为整个集群资源进行宏观的调度与分配。得益于 YARN，才使得单一集群架构能够成为可能。

Spark 借助其 RDD 的出色设计，通过统一的数据模型和编程模型实现了横跨多个领域的支撑。这意味着我们在一套程序逻辑之中可以集成多种操作。所以将 Spark 作为平台的一站式计算解决方案是再合适不过了。

在下一章中，我将介绍如何快速安装这套技术栈。

第 3 章

使用 Ambari 安装 Hadoop 集群

Hadoop 生态的技术栈方兴未艾，每年我们都能看到一些有趣的新技术出现。这就如同建造大楼一样，底层地基是 Hadoop，基于 Hadoop 构造出无数的系统来支撑并解决相应领域的问题。这种态势一方面展现出大数据领域的蓬勃生机，另一方面也显示出大数据领域技术的复杂性。手动安装和整合这些系统就不是一件容易的事情。为了解决这类问题，Hadoop 生态体系中发展出了一条分支，即 Hadoop 发行商。

Hadoop 发行商可以说是最好的 Hadoop 发展见证者和真正的背后推动者。这些商业公司将 Hadoop 生态中众多的技术组件以发行版的形式进行了打包和整合，让用户无须关心多种组件之间版本兼容和配置等问题。本章我们会介绍如何使用 Ambari 来安装 HDP 发行版。

> HDP 是 Hontorworks Data Platform 的简称，是 Hontorworks 公司的 Hadoop 发行版，在企业中十分流行。同样著名的还有 Cloudera 公司的 CDH 发行版。

3.1 概述

Ambari 是一款用于部署、管理和监控 Hadoop 集群服务的开源系统，它实现了以

下功能:

1) **安装一个 Hadoop 集群:**

❑ 提供了以向导指引的方式安装一个集群,可以在任意的主机上安装 Hadoop 服务。
❑ 提供了对 Hadoop 服务的配置功能。

2) **管理一个 Hadoop 集群:** 提供了启动、停止等集群管理功能。

3) **监控一个 Hadoop 集群:**

❑ 提供了一个用于监控 Hadoop 集群健康状态的仪表盘。
❑ 提供了一套健康指标体系来收集监控数据。
❑ 提供了一套预警框架,可以结合预定的监控指标实现通知预警。

从设计上看 Ambari 使用的 Master/Slaves 架构(主/从架构,由一个 Ambari-Server 和多个 Agent 组成),如图 3-1 所示。它通过一个 Server 主进程来实现集群的管理和操作命令的发送,而具体的管理动作则由安装在每台目标主机上的 Agent 进程进行执行。例如通过 Ambari 启动 HDFS 服务的时候,首先会由 Ambari-Server 向安装了 HDFS 服务所在主机的 Agent 进程发送启动指令,然后再由相关 Agent 进程执行其所在主机的本地命令脚本来启动 HDFS 的相应服务。

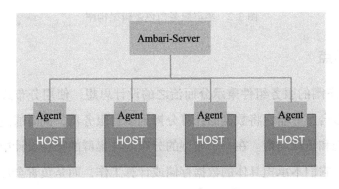

图 3-1 Ambari 逻辑架构图

3.2 集群设计

大数据技术解决问题的主要方式采用了分而治之的思想，这意味着我们需要多种不同的服务同时进行协作处理，而这些服务又需要部署安装到不同的服务器上。那这些服务的分配有什么依据呢？显然我们不能任凭喜好的将这些服务胡乱的分配安装到服务器上，所以在正式安装集群之前，我们需要先来设计一下集群服务的角色分类，如图 3-2 所示，将集群中的服务器分为了主控、存储与计算、监控与认证、协同管理与其他四类角色。

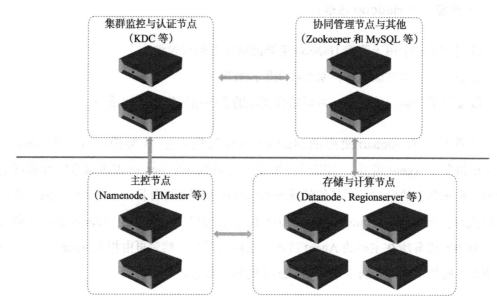

图 3-2　集群服务角色逻辑架构图

3.2.1　主控节点

Hadoop 生态圈的服务组件秉承分而治之的设计思想，使用分布式的方式将数据的存储分散到多台服务器，将数据的计算分摊到多台服务器，同时通过集群的方式保证服务的高可用和负载均衡。在一个典型的分布式与集群的架构设计中，需要有这样一类服务程序，它们不承担具体的数据存储或计算工作，而是负责全局统筹的任务分配、资源调配或是平衡集群负载这样的工作。它们犹如人类的大脑，统一调配、控制着人体各个身体机能的协调运转和配合，抑或是机场的塔台控制中心，统一的调度、管理着飞机的起飞和降落等工作。这类服务通常称为主控服务，部署了这些服务的服务器节点称为主控节点。

在一个 Hadoop 集群之中，主控服务的数量不会很多但是却最为重要，因为它们是集群服务们的大脑，没有大脑的服务是无法正常运转起来的。为了便于维护和管理，在集群设计的时候可以划拨出一部分服务器作为主控节点，专职用于部署安装主控服务，例如 HDFS 组件的 NameNode 主要负责文件的元数据管理、HBase 组件的 HMaster 主要负责 Region 的分配与 DDL 操作以及 YARN 组件的 ResourceManager 主要负责资源与容器的管理与分配，这些服务均是主控服务。

由于主控服务不需要负责具体的数据存储，所以主控节点对服务器的硬盘存储空间需求通常不会特别大，但是对内存的需求却有着一定的要求，因为主控服务通常会将大量元数据直接加载到内存之中以提升程序性能。

3.2.2 存储与计算节点

由于主控服务不负责数据的最终存储与计算，所以这部分工作就交由具体的存储或计算节点来执行。例如 HDFS 的主控服务是 Namenode，而具体负责存储数据的服务则是 Datanode；HBase 的主控服务是 HMaster，而具体负责数据存储和查询的服务则是 RegionServer；YARN 的主控服务是 ResourceManager，而具体负责任务执行的容器则是 NodeManager。这类服务通常称作为存储或计算服务，部署了这些服务的服务器节点可以称作为存储或计算节点。

在 2.1 节提到过，在分布式的场景下计算的移动比数据的移动更加划算，所以通常会将计算服务和存储服务伴生部署。将存储服务和计算服务部署在一起的好处一目了然，利用数据本地性的特点，主控服务可以直接将计算任务分配到相应数据所存储的服务器节点之上，计算程序可以直接通过本地磁盘 IO 读取数据，避免了大量数据在网络中的传输流动，大大提升了计算性能。

因此，在集群设计的时候可以划拨出一部分服务器作为存储与计算节点，专职用于部署安装存储与计算服务，并且将存储、计算和调度容器三类服务伴生部署。

在一个 Hadoop 集群之中，存储与计算节点是数量最多的部分，它们的数量与集群整体的存储和计算能力成正比。因为集群能够使用的总体存储容量等于存储节点单机能够提供的硬盘存储之和，而集群能够使用的总体计算资源等于计算节点单机能够提供的 CPU 数量以及内存容量之和。

由于担负着最终的数据存储与计算任务，所以存储与计算节点对服务器的硬盘、内存和 CPU 都有较高的要求。

3.2.3 安全认证与管理节点

除了主控和存储与计算服务之外，集群中还存在着另外一类服务，可以说它们是用于管理服务的服务，负责着整个集群的安保和管理工作。例如 Hadoop 集群需要通过 Kerberos 协议保障其服务之间的通信安全，这就需要安装 Kerberos 协议的认证中心服务（在第五章 Hadoop 服务安全方案章节中会详细介绍）。或者是其他一些管理系统，例如本章介绍的 Ambari 集群管理系统，它是负责管理集群中的服务器主机以及每台主机上安装的各种服务组件的，或是我们自己开发实现的一些第三方管理系统诸如用户管理（用户管理在第 6 章会详细介绍）。

这类服务通常称作为安全认证或管理服务，部署了这些服务的节点服务器可以称作为安全认证或管理节点。

在集群设计的时候也应该划拨出一部分服务器作为安全认证与管理节点，专职部署上述这类服务。这类服务通常面向的是集群运维和管理人员，并不会直接面向终端用户或程序，但它们的存在极大地提升了平台的安全性和易用性。

3.2.4 协同管理与其他节点

在一个分布式或集群的服务架构中，服务的程序进程会运行在多台相互独立的服务器主机之上，而这些服务进程之间需要经常进行一些交互和协同，例如心跳检查、配置同步、主控服务选举，等等。它们之间的通信与交互是需要一种沟通协同的媒介才能实现的，这类媒介载体便是我们常说的协同管理服务，例如在第 2 章介绍过的 Zookeeper 就是 Hadoop 生态中一款非常有名的分布式协同管理框架。除此之外，一些大数据服务或集群的管理系统还会使用关系型数据库来存储一些元数据信息，例如使用 Spark SQL 构建企业级数据仓库的时候，就需要使用关系型数据存储表的一些元数据，包括表名称、字段属性等。

这类部署了协同管理服务和关系型数据库的服务器节点可以称作为协同管理与其他节点。

3.3 Ambari 的安装、配置与启动

接下来，会介绍如何安装 Ambari 这款集群管理系统。我们会通过本地 yum 源的方式安装 Ambari。

---

yum（全称为 Yellow dog Updater, Modified）是一个在 Fedora 和 RedHat 以及 CentOS 中的 Shell 前端软件包管理器。基于 RPM 包管理，能够从指定的服务器自动下载 RPM 包并且安装，可以自动处理依赖性关系，并且一次安装所有依赖的软件包，无须烦琐地一次次下载、安装。

3.3.1 安装前的准备

在正式安装之前，我们还需要完成一些前期准备工作，包括集群服务的设计、服务器环境准备和用于安装 Ambari 的本地 yum 仓库等。

1. 集群服务规划设计

在了解了集群服务器角色的职责划分之后，现在可以开始设计一下集群节点的服务划分了。

Ambari 通过集成 HDP 这样一个 Hadoop 发行版安装包来实现对相应组件服务的安装。接下来，我们看看截止到 HDP2.5 版本，它都提供了哪些核心服务。

- NameNode：分布式文件系统 HDFS 的主控服务，主要用于保存文件的元数据信息及操作路由。
- SNameNode：专职用于帮助 NameNode 合并快照日志文件的服务，以缓解 NameNode 压力。
- DataNodes：分布式文件系统 HDFS 的数据存储服务，主要提供文件数据块的存储和查询功能。
- ResourceManager：资源调度系统 YARN 的主控服务，负责统一的资源分配和调度工作。
- NodeManagers：资源调度系统 YARN 的容器服务，负责具体的任务执行工作，YARN 只会将任务分配到安装了 NodeManager 服务的主机执行任务。
- App Timeline Server：负责存储在 YARN 中执行的应用的各种元数据信息并提供对这些数据的查询能力。
- History Server：负责存储在 YARN 中执行的任务的历史信息，包括任务状态、任务日志等，并提供对这些信息查询的能力。
- Hive Metastore：负责存储数据仓库 Hive 的元数据信息，例如表名称、表字段和字段属性等。
- HiveServer2：Hive 的在线查询服务，支持通过 JDBC 和 ODBC 等标准协议查询数据。
- Tez：使用 DAG 作为计算模型的一款分布式计算引擎，HDP 版本里 Hive 组件的计算引擎使用的正是 Tez。
- Active HBase Master：分布式 NoSQL 服务，HBase 的主控服务，主要负责 Region 的分配和 DDL 操作。
- RegionServers：分布式 NoSQL 服务，HBase 的数据存储服务，主要提供具体数据的存储与查询功能。
- Zookeeper server：分布式协同管理服务，负责 HBase、Ambari Infra 和 Kafka

等多项服务的协同工作。
- Kafka Broker：分布式消息系统 Kafka，负责消息的接收、发送、消息主题的管理等工作。
- Spark History Server：分布式内存计算框架 Spark 的任务历史服务，负责存储记录 Spark 任务的历史信息，包括任务状态、执行时间、任务日志和环境变量等信息。同时也提供这些历史信息的查看检索功能。
- Spark Thrift Servers：分布式内存计算框架 Spark 的在线查询服务，和 Hive 的 HiveServer2 服务类似。支持通过 JDBC 和 ODBC 等标准协议查询数据。
- Knox Gateway：网关服务，可以代理 HDP 中 YARN、HBase、HDFS 等众多组件的 Restful 服务。
- Ranger Admin：权限管理服务，可以代理 YARN、HBase、HDFS 等众多组件的权限管理功能。
- Ranger KMS Server：Ranger 的 Key 管理服务，用于管理 Hadoop 集群的认证密钥。
- Ranger Usersync：Ranger 的用户同步服务，负责将 Hadoop 的集群用户同步更新到 Ranger 的内部用户。
- Zepplin：交互式在线分析工具，可以直接通过 Web 界面编写 SQL 或代码的形式使用 Spark、Hive 等服务进行交互式分析。
- Log Search：日志采集与分析服务，负责收集所有 Hadoop 服务的日志文件并提供集中展示和检索功能。
- Ambari Infra：搜索服务，用于存储 Ranger 的审计日志以及 Log Search 采集到的系统日志等数据。
- Clients：各种服务的客户端程序，包括 MapReduce2 Clients、YARN Clients、Hive Clients、ZooKeeper Clients、Spark Clients 和 HBase Clients 等。

在了解了 Ambari 可以安装的核心服务之后，我们可以制作一张便于记录服务规划的表格，如表 3-1 所示（这里只列举了部分服务，读者可以根据服务列表自行添加）。表格的横向标题代表集群中的服务器，表格的第一列则代表了 Ambari 可以安装的组件服务。我们可以先在这张表格上设计好服务和服务器主机的分配关系，后续安装服务的时候就可以直接参照此表。

表 3-1 集群服务规划设计表格

服务组件\节点	1	2	3	4	5	6	7	8	9	10
NameNode	√									
SNameNode		√								
App Timeline Server		√								
DataNodes			√	√	√	√	√	√	√	√
History Server			√							
ResourceManager	√									
NodeManagers			√	√	√	√	√	√	√	√
Hive Metastore		√								
HiveServer2		√								
Active HBase Master		√								
RegionServers			√	√	√	√	√	√	√	√
ZooKeeper Server	√	√	√							
Kafka Broker					√	√	√			
Spark History Server		√								
Spark Thrift Servers	√	√								

2. 环境要求

Ambari 目前只支持 64 位的操作系统，具体操作系统如下：

- RHEL（Redhat Enterprise Linux）6 或者 7；
- CentOS 6 或者 7；
- OEL（Oracle Enterprise Linux）6 或者 7；
- SLES（SuSE Linux Enterprise Server）11；
- Debian 7；
- Ubuntu 12 或者 14。

由于 Ambari 是使用 Java 语言开发实现的，所以其部署的服务器还需要安装 Java 环境，Ambari 支持 Java1.7 或者 1.8 版本。最后我们还需要安装 Python，Ambari 需要 Python2.6 及以上的环境依赖，因为它在安装 Hadoop 组件服务的时候会通过 Python

调用本地的一些命令脚本。

为了便于演示，这里仅使用两台虚拟机服务器节点来进行演示。服务器的 hostname 分别是 server1.cluster.com 和 server2.cluster.com，操作系统均为 CentOS6.5、JDK 版本为 1.7、Python 版本为 2.6。由于只有两台服务器，所以我们将 server1.cluster.com 作为主控节点，并在此服务器上配置 yum 本地仓库以及安装 Ambari-Server，而将 server2.cluster.com 作为普通的集群节点。

读者可以选择通过虚拟机或者现有服务器来进行安装，环境的准备过程这里不再赘述了。

3. 搭建本地 yum 源仓库

安装 Ambari 系统本身以及通过 Ambari 安装 HDP 发行版中的 Hadoop 服务都需要通过 yum 的方式进行安装。由于本书场景定位的是企业级应用，而企业内部的服务器出于安全考虑会通过防火墙隔绝外网环境。就算服务可以直接访问互联网，HDP 那多达数 G 的安装包大小也不适合通过互联网直接安装。所以需要在局域网环境搭建一套 Ambari 和 HDP 的本地 yum 源仓库用于进行安装。这里我们将会安装 Ambari2.4 以及对应的 HDP2.5 版本。

（1）下载离线安装包

因为是离线安装，所以我们需要首先下载 Ambari 和 HDP 的离线安装包。这里使用的是 Ambari2.4 和 HDP2.5，下载地址如表 3-2 所示。

表 3-2　Ambari 和 HDP 安装包地址

Ambari2.4	http://public-repo-1.hortonworks.com/ambari/centos6/2.x/updates/2.4.0.1/AMBARI-2.4.0.1-centos6.tar.gz
HDP2.5	http://public-repo-1.hortonworks.com/HDP/centos6/2.x/updates/2.5.0.0/HDP-2.5.0.0-centos6-rpm.tar.gz
HDP-UTILS	http://public-repo-1.hortonworks.com/HDP-UTILS-1.1.0.21/repos/centos6/HDP-UTILS-1.1.0.21-centos6.tar.gz

将三个文件下载完毕后将其进行解压,然后放到一个 HTTP 服务器下以便我们能以静态资源的形式访问到它们。

(2)安装 Apache 服务器

这里我们可以使用 Apache 来当作 HTTP 服务器。如果企业内网环境有配置好的本地 yum 源仓库,那么可以直接通过 yum 命令安装。

```
yum install httpd
```

如果本地没有 yum 源仓库,则需要自行下载安装包进行安装,这里不再赘述。

安装之后执行如下命令启动 Apache 服务。

```
/etc/init.d/httpd start
```

现在我们进入 Apache 的静态资源目录,然后新建 ambari 和 hdp 两个目录。

```
cd /var/www/html
mkdir ./hdp
mkdir ./ambari
```

目录建好之后,将下载好的 HDP 和 HDP-UTILS 文件解压到 /var/www/html/hdp 目录下,然后将下载好的 Ambari 文件解压到 /var/www/html/ambari 目录下。至此,本地 yum 仓库的静态资源就准备好了。

(3)创建 yum 源配置文件

为了能让 yum 命令能够找到我们的安装文件,还需要新建两个仓库的配置文件。

首先新建一个名为 ambari.repo 的配置文件,配置项如下:

```
[Ambari-2.4.0.1]
name=Ambari-2.4.0.1
baseurl=http://server1.cluster.com/ambari/AMBARI-2.4.0.1/centos6/2.4.0.1-1
gpgcheck=1
gpgkey=http://server1.cluster.com/ambari/AMBARI-2.4.0.1/centos6/2.4.0.1-1/RPM-
    GPG-KEY/RPM-GPG-KEY-Jenkins
enabled=1
priority=1
```

然后再新建一个名为 hdp.repo 的配置文件，配置项如下：

```
[HDP-2.5.0.0]
name=HDP-2.5.0.0
baseurl=http://server1.cluster.com/hdp/HDP/centos6
path=/
enabled=1
gpgcheck=0
[HDP-UTILS-2.5.0.0]
name=HDP-UTILS-2.5.0.0
baseurl=http://server1.cluster.com/hdp/HDP-UTILS-1.1.0.21
path=/
enabled=1
gpgcheck=0
```

最后将这两个配置文件复制到所有准备安装 Hadoop 组件的服务器上的 /etc/yum.repos.d 目录下。

现在可以执行 yum repolist 命令检查一下配置是否正确，如果能看到 Ambari-2.4.0.1 和 HDP-2.5.0.0 两个 yum 源就就表明配置成功了。如果看不到，就需要检查 /etc/yum.repos.d 目录下是否存在 ambari.repo 和 hdp.repo 两个配置文件。

4. 关闭防火墙和 SELinux

由于 Ambari 会通过其 Agent 程序在服务器之间频繁的进行内部通信，所以我们需要关闭机器自身的防火墙并禁用 SELinux。依序执行如下操作。

- 执行 service iptables stop 命令关闭防火墙。
- 可以通过执行 chkconfig iptables off 来检查防火墙是否已经关闭。
- 打开 /etc/selinux/config，修改 SELINUX=disabled 来禁用 SELinux。此项修改需要重启服务器后才能生效。

这里大家不必对安全问题有过多担心，后续章节中会介绍完整的安全方案来保障服务安全问题。

5. 配置主机表

Ambari 所管理的各个服务器之间需要使用 FQDN 来进行访问，所以我们还需要为各个服务器配置它们的 FQDN。Linux 系统可以通过主机表来配置它的 FQDN，执行 vi /etc/hosts 命令打开主机表文件，会看到类似如下的信息。

```
127.0.0.1    localhost  localhost.localdomain localhost4 localhost4.localdomain4
::1          localhost  localhost.localdomain localhost6 localhost6.localdomain6
```

hosts 主机表是用来帮助服务器解析域名地址的，可以在这里增加 IP 地址到域名地址的映射信息以完成 FQDN 的配置，从而使得服务器能够将主机域名转换成相应的 IP 地址。

例如这里的两台服务器 IP 地址分别是 192.168.10.10 和 192.168.10.11，它们对应的主机域名是 server1.cluster.com 和 server2.cluster.com。我们需要分别修改两台服务器的 hosts 主机表，在其末尾增加两行配置，配置如下。

```
192.168.10.10    server1.cluster.com
192.168.10.11    server2.cluster.com
```

增加配置之后，输入：wq 保存。完成配置之后，可以通过 hostname -f 命令查看服务器当前的 FQDN，如果是主机表中所配置的就代表修改成功了。

在 FQDN 配置完成之后，我们就完成了安装前的所有准备工作，接下来可以开始正式安装了。

FQDN：(Fully Qualified Domain Name) 完全合格域名 / 全称域名，是指主机名加上全路径，全路径中列出了序列中所有域成员。全域名可以从逻辑上准确地表示出主机在什么地方，也可以说全域名是主机名的一种完全表示形式。

3.3.2 安装 Ambari-Server

虽然 Ambari 系统是由 Ambari-Server 和 Ambari-Agent 两个部分组成的。但是手动安装的时候只需要关注 Ambari-Server 就可以了，因为 Ambari-Agent 程序在通过 Ambari 系统新建集群的过程中会自动安装（关于新建集群部分会在后续小节详细介绍）。

在安装前的准备小节，我们已经完成了 Ambari 本地 yum 源仓库的搭建工作，因此这里的 Ambari-Server 安装就很简单了，执行 yum install ambari-server -y 命令进行安装。

执行之后便会进入自动安装步骤，yum 安装程序会根据我们在 ambari.repo 中配置的信息自动找到 Ambari-Server 对应的安装文件进行安装。

```
yum install ambari-server
Loaded plugins: fastestmirror, refresh-packagekit, security
Loading mirror speeds from cached hostfile
Setting up Install Process
Resolving Dependencies
--> Running transaction check
---> Package ambari-server.x86_64 0:2.4.0.1-1 will be installed
--> Processing Dependency: postgresql-server >= 8.1 for package: ambari-server-
    2.4.0.1-1.x86_64
--> Finished Dependency Resolution
Error: Package: ambari-server-2.4.0.1-1.x86_64 (Updates-Ambari-2.4.0.1)
          Requires: postgresql-server >= 8.1
 You could try using --skip-broken to work around the problem
 You could try running: rpm -Va --nofiles --nodigest
```

此时可能出现安装错误，提示需要 postgresql-server，且版本需要大于 8.1。这是因为 Ambari 默认通过 postgresql 数据库来保存它的元数据。

所以我们还需要安装 postgresql 数据库，执行 yum install postgresql-server 命令安装。

```
yum install postgresql-server
Loaded plugins: fastestmirror, refresh-packagekit, security
Loading mirror speeds from cached hostfile
省略中间过程…
Installed:
  postgresql-server.x86_64 0:8.4.20-7.el6
Dependency Installed:
  postgresql.x86_64 0:8.4.20-7.el6
postgresql-libs.x86_64 0:8.4.20-7.el6

Dependency Updated:
  openssl.x86_64 0:1.0.1e-57.el6

Complete!
```

现在重新执行 yum install ambari-server 命令安装 Ambari-Server。

```
yum install ambari-server -y
Dependencies Resolved

================================================================================
================================================================================
    Package                  Arch           Version           Repository                Size
================================================================================
================================================================================
Installing:
    ambari-server            x86_64         2.4.0.1-1         Updates-Ambari-2.4.0.1    646 M
Installing for dependencies:
    postgresql               x86_64         8.4.20-7.el6      base                      2.6 M
    postgresql-libs          x86_64         8.4.20-7.el6      base                      202 k
    postgresql-server        x86_64         8.4.20-7.el6      base                      3.4 M
Updating for dependencies:
    openssl                  x86_64         1.0.1e-57.el6     base                      1.5 M

Transaction Summary
================================================================================
================================================================================
Install       4 Package(s)
Upgrade       1 Package(s)

Total download size: 654 M
中间过程省略…
Installed:
    ambari-server.x86_64 0:2.4.0.1-1
Dependency Installed:
    postgresql-server.x86_64 0:8.4.20-6.el6

Complete!
```

耐心等待一会，当看到如上信息的时候，表明已经完成 Ambari-Server 的安装了。

3.3.3 Ambari-Server 目录结构

Ambari-Server 安装完毕之后我们主要关注 4 个目录，它们分别是：

- **配置目录**（/etc/ambari-server/conf）：Ambari 的配置文件会全部放在这个目录下。
- **日志目录**（/var/log/ambari-server）：Ambari 自身的服务日志会放在这个目录下。
- **Hadoop 服务组件目录**（/usr/hdp）：通过 Ambari 安装的 Hadoop 组件会放在这个目录下。

❑ **Ambari 服务目录**（/usr/lib/ambari-server）：Ambari 自身的服务会安装到这个目录下。

3.3.4 配置 Ambari-Server

在安装 Ambari-Server 之后，如果我们立即执行 ambari-server start 命令，启动服务时会出现错误。这是因为在启动服务之前必须要先完成相应的初始配置，执行 ambari-server setup 命令开始配置。

Ambari-Server 会通过 Python 脚本启动一个交互式的 shell 程序来引导用户完成配置。

```
Using python  /usr/bin/python
Setup ambari-server
```

配置程序首先会检查是否已经禁止了 SELinux，这项配置在之前步骤已经设置过了，所以这里没有任何问题。

```
Checking SELinux...
SELinux status is 'disabled'
```

接着配置程序会让我们指定 Ambari 的用户，这里直接使用默认的 Amabri 用户，按回车继续。

```
Customize user account for ambari-server daemon [y/n] (n)?
Adjusting ambari-server permissions and ownership...
```

然后配置程序开始检查防火墙状态，在之前步骤已经关闭了防火墙，所以这里也没有问题。

```
Checking firewall status...
```

现在轮到检查 JDK，这里输入"3"选择使用自己安装的 JDK。可以看到提示中有一个关于 JCE Policy 的警告，我们先不管它，等到后面安全章节再做解释。

```
Checking JDK...
[1] Oracle JDK 1.8 + Java Cryptography Extension (JCE) Policy Files 8
[2] Oracle JDK 1.7 + Java Cryptography Extension (JCE) Policy Files 7
[3] Custom JDK
```

```
=============================================================================
Enter choice (1): 3
WARNING: JDK must be installed on all hosts and JAVA_HOME must be valid on all hosts.
WARNING: JCE Policy files are required for configuring Kerberos security. If you
    plan to use Kerberos,please make sure JCE Unlimited Strength Jurisdiction
    Policy Files are valid on all hosts.
```

在 JAVA_HOME 配置项填入 JDK 的路径地址，例如 /java/jdk1.7.0_80。

```
Path to JAVA_HOME: JDK 地址 ( 例如 /java/jdk1.7.0_80)
Validating JDK on Ambari Server...done.
```

最后是数据库设置，这里为了简便，选择使用 Amabri 内置的 Postgresql，直接回车继续。配置程序便会开始执行脚本初始化数据库的元数据信息。在生产环境中我们不应使用这种内置的数据库选项，而是推荐使用自己安装的数据库，这样更能保障性能和可靠性。

```
Completing setup...
Configuring database...
Enter advanced database configuration [y/n] (n)?
Configuring database...
Default properties detected. Using built-in database.
Configuring ambari database...
Checking PostgreSQL...
Running initdb: This may take up to a minute.
Initializing database: [ OK ]

About to start PostgreSQL
Configuring local database...
Connecting to local database...done.
Configuring PostgreSQL...
Restarting PostgreSQL
Extracting system views...
...ambari-admin-2.4.0.1.1.jar
省略中间过程...
Adjusting ambari-server permissions and ownership...
Ambari Server 'setup' completed successfully.
```

至此我们便完成了 Ambari-Server 的配置工作，接下来就可以启动它了。

3.3.5 启动 Ambari-Server

再次执行 ambari-server start 命令启动 Ambari-Server，可以看到 Ambari 通过 Python 脚本启动了 Server 服务，并将日志文件写到了 /var/log/ambari-server 目录下，启动信

息如下。

```
Using python  /usr/bin/python
Starting ambari-server
Ambari Server running with administrator privileges.
Organizing resource files at /var/lib/ambari-server/resources...
Ambari database consistency check started...
No errors were found.
Ambari database consistency check finished
Server PID at: /var/run/ambari-server/ambari-server.pid
Server out at: /var/log/ambari-server/ambari-server.out
Server log at: /var/log/ambari-server/ambari-server.log
Waiting for server start....................
Ambari Server 'start' completed successfully.
```

打开浏览器，输入 http:// 服务器 ip:8080/ 访问 Ambari 的首页。如图 3-3 所示，可以看到 Ambari 的登录界面，输入默认用户名：admin，密码：admin 完成登录。

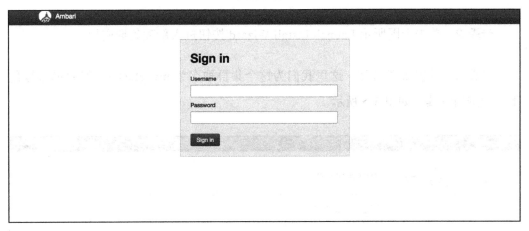

图 3-3　Ambari 登录界面

3.4　新建集群

登入系统之后会看到 Ambari 空空如也的欢迎页，如图 3-3 所示。接下来会介绍如何通过 Ambari 新建 Hadoop 集群。

3.4.1　设置集群名称并配置 HDP 安装包

步骤 1　单击 Launch Install Wizard 按钮进入新建集群向导，如图 3-4 所示。

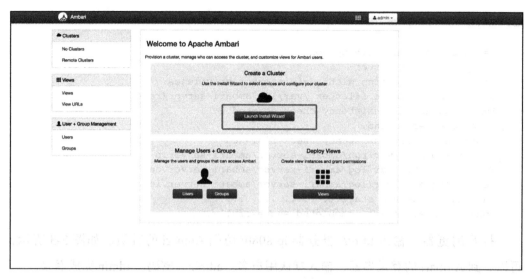

图 3-4　Ambari 欢迎页

步骤 2　单击上图所示 Launch Install Wizard 按钮进入新建集群向导。

步骤 3　设置集群名称，这里我们为这个集群取名为 my_cluster。然后单击绿色下一步按钮继续，如图 3-5 所示。

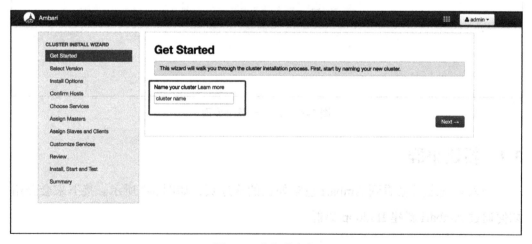

图 3-5　为集群取名

步骤 4　还记得之前我们配置好的离线安装包吗？现在终于要用到它们了。接下来开始配置 HDP 安装包地址。如图 3-6 所示，首先选择 HDP-2.5 版本，然后选择 Use Local Repository 使用本地仓库安装的模式，最后在 redhat6 操作系统分类下输入：

```
HDP-2.5 : http://apache 服务器地址/hdp/HDP/centos6
HDP-UTILS-1.1.0.21: http://apache 服务器地址/hdp/HDP-UTILS-1.1.0.21/repos/centos6
```

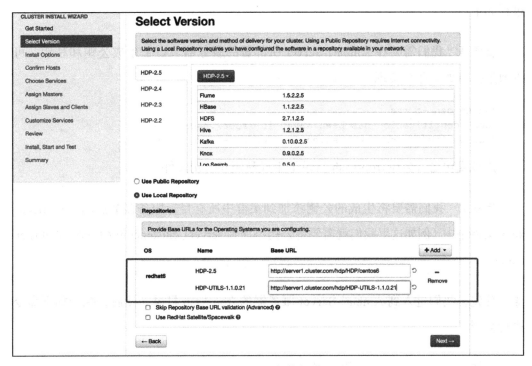

图 3-6　HDP 安装包地址

步骤 5　全部填好之后，单击绿色下一步按钮继续。

3.4.2　配置集群

接下来会进入集群的配置流程，整个过程大致分成三个步骤，它们分别是：

1. 配置主机注册信息

在之前对 Ambari 的介绍中，我们已经了解到，Ambari-Server 之所以能够管理远程主机，是通过部署在目标服务器主机上的 Agent 服务实现的。而 Ambari-Agent 服务并不需要手动安装,我们只需要通过 Ambari 系统注册目标主机,那么它就会在这个注册的过程中自动为我们安装好 Agent 服务。

但是在注册主机之前,我们需要设置 Ambar-Server 服务器与各个目标主机之间的 SSH 免登录功能,以便它能够远程登录到目标服务器安装 Agent 服务,整个配置过程如下:

步骤 1 我们需要在 Ambari-Server 所部署的服务器节点上生成公钥和私钥,可以通过执行如下命令实现。

```
ssh-keygen -t rsa
Your identification has been saved in /root/.ssh/id_rsa.
Your public key has been saved in /root/.ssh/id_rsa.pub.
```

执行成功之后会在 /root/.ssh 目录下生成私钥和公钥文件。

步骤 2 我们需要将生成的公钥添加到集群中所有目标服务器节点的 authorized_keys 文件中去(例如这里我们就需要将公钥添加到 server1.cluster.com 和 server2.cluster.com)。

首先,我们进入到 Ambari-Server 服务器的 /root/.ssh 目录。然后,执行如下命令进行复制。

添加 server1.cluster.com 服务器:

```
ssh-copy-id -i ./id_rsa.pub root@server1.cluster.com
root@server1.cluster.com's password:
Now try logging into the machine, with "ssh 'root@server1.cluster.com'", and check in:

    .ssh/authorized_keys
```

添加 server2.cluster.com 服务器:

```
to make sure we haven't added extra keys that you weren't expecting.cd /root/.ssh
ssh-copy-id -i ./id_rsa.pub root@server2.cluster.com
The authenticity of host 'server2.cluster.com (10.0.1.62)' can't be established.
RSA key fingerprint is 6b:97:71:34:6b:97:90:46:58:8f:e5:7a:8f:d0:d1:65.
Are you sure you want to continue connecting (yes/no)? yes
```

```
Warning: Permanently added 'server2.cluster.com,10.0.1.62' (RSA) to the list of
    known hosts.
root@server2.cluster.com's password:
Now try logging into the machine, with "ssh 'root@server2.cluster.com'", and check in:

    .ssh/authorized_keys

to make sure we haven't added extra keys that you weren't expecting.
```

拷贝过程中会要求你输入目标服务的登录密码。

步骤 3　我们需要将私钥上传到 Ambari 的管理控制台，使用 cat 命令查看私钥文件。

```
cd /root/.ssh
cat id_rsa
-----BEGIN RSA PRIVATE KEY-----
MIIEowIBAAKCAQEAzbFoTta2b5j3dqpWa3a5AdWzXbT+fnC87oQRyeIQF3iCkuU9
中间部分省略…
-----END RSA PRIVATE KEY-----
```

将上述这段字符串填写到控制台，接下来的事情就可以交给 Ambari 了，如图 3-7 所示，上述步骤全部做完之后单击绿色按钮继续下一步。

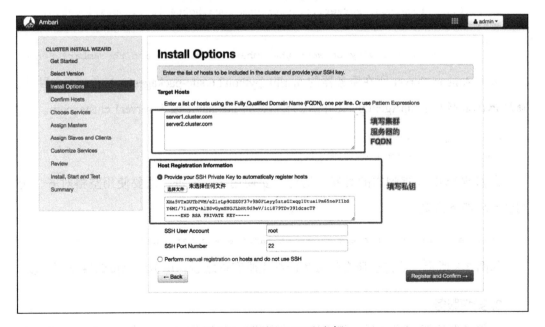

图 3-7　配置 FQDN 和私钥

2. 注册服务器

在我们的协助之下，现在 Ambari 可以开始注册服务器了。它首先会根据上一步目标主机的 FQDN 进行注册，然后会在每台服务器上安装 Agent 代理服务并配置相应的环境。

可能出现的错误：

```
chmod: cannot access `/var/lib/ambari-agent/data': No such file or directory
```

解决方式是手工创建 /var/lib/ambari-agent/data 目录：

```
Ambari agent machine hostname (localhost.localdomain) does not match expected
    ambari server hostname
```

虽然我们已经设置过 FQDN 了，但 Ambari 的安装脚本只会从 /etc/hosts 文件中的第一行配置读取 hostname 信息。所以我们需要再次修改 hosts 文件，将第一行的 localhost.localdomain 替换成服务器的 FQND。

```
例如将 localhost.localdomain 替换成 server1.cluster.com
127.0.0.1    localhost server1.cluster.com localhost4 localhost4.localdomain4
Ambari Agent host cannot reach Ambari Server 'localhost:8080'. Please check the
    network connectivity between the Ambari Agent host and the Ambari Server
```

进入 Ambari-Server 所在服务器的 /usr/lib/python2.6/site-packages/ambari_server 目录，修改 Python 脚本 setupAgent.py 文件第 315 行，将 hostname 改为 server1.cluster.com。

```
# hostname = args[2]
 hostname = "server1.cluster.com"
```

在修改 Python 脚脚本的时候，切记不要使用 Tab 缩进，需要使用空格对齐，否则会出现如下错误：

```
IndentationError: unindent does not match any outer indentation level
```

如图 3-8 所示，等待至所有的服务器都注册完毕之后，单击绿色按钮继续下一步。

3. 安装服务

在服务器注册完毕之后，就可以开始安装 Hadoop 服务了。整个过程又可以分为四个步骤。

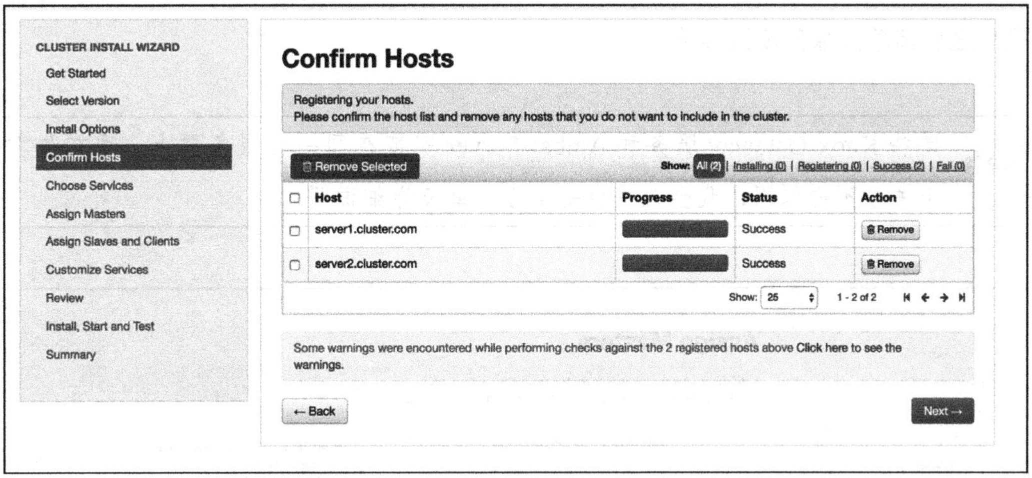

图 3-8 服务器注册

步骤 1 我们需要在服务选择页面选取需要安装的服务，如图 3-9 所示。

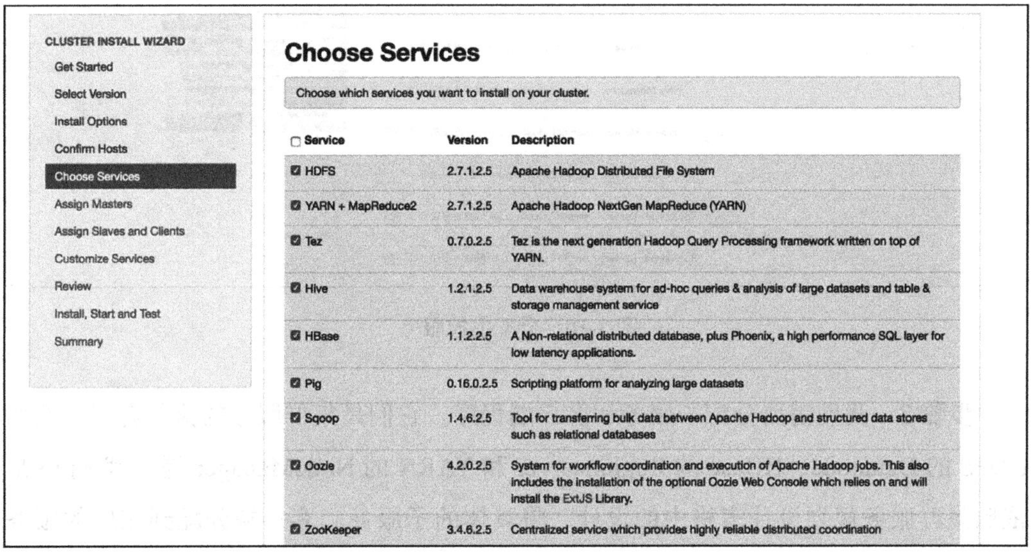

图 3-9 服务选择页面

步骤 2 我们需要分配主控服务，它们是集群服务的控制枢纽。例如 HDFS 的

Namenode、HBase 的 HMaster 和 YARN 的 ResourceManager 等。这里可以根据之前填写好的集群服务规划设计表格的指示来分配服务器和服务，如图 3-10 所示。选择完毕之后请单击绿色按钮继续。

> **注意** 请将 Knox Gateway 服务和 Ambar-Server 安装在同一台服务器上。现在先卖个关子不说原因，我会在平台安全方案章节详细说明。

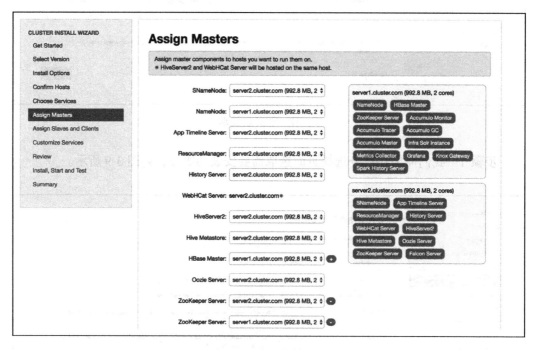

图 3-10　分配主控服务

步骤 3　我们需要分配子服务和客户端程序。它们是集群服务的执行者们，例如 HDFS 的 Datanode、HBase 的 Regionserver 和 YARN 的 NodeManager 等。我们还是依照集群服务规划设计表格中的设计，将具体的子服务和客户端分配到相应的服务器，如图 3-11 所示。

分配完毕之后，单击绿色按钮继续下一步。

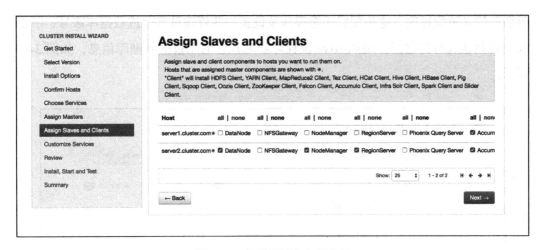

图 3-11　分配子服务和客户端

步骤 4　完成自定义配置，如图 3-12 所示。

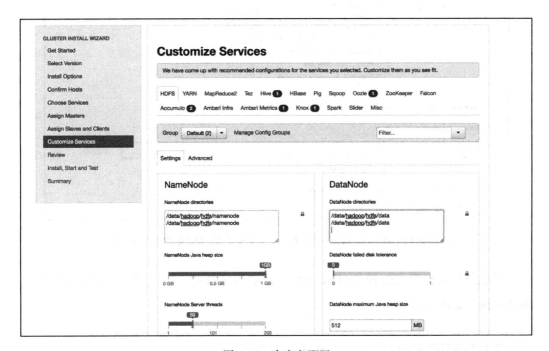

图 3-12　自定义配置

在自定义设置页面，会看到很多个警告消息提示。不要慌张，这些警告是一些组件服务的必填配置项。这些配置通常都涉及设置一些管理员账号或数据库账号，所以我们需要认真对待它们，例如 Hive 设置需要配置它的元数据数据库信息，如图 3-13 所示。

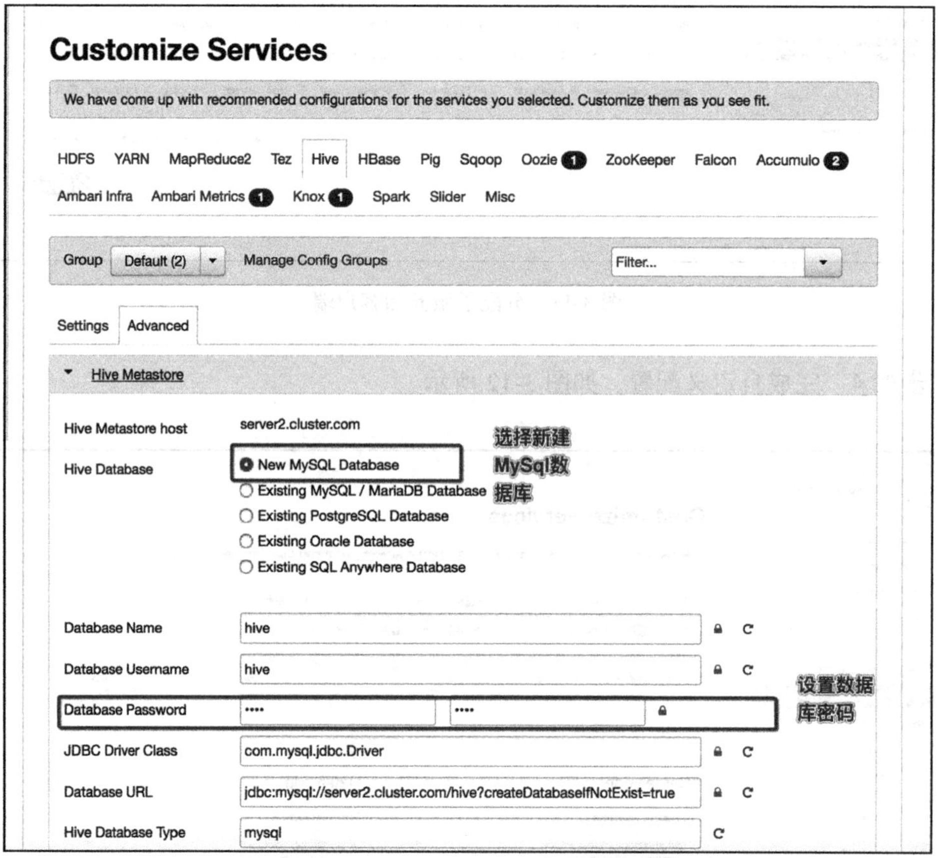

图 3-13　Hive 的自定义配置，需要配置它的元数据数据库信息

其他组件的自定义配置与 Hive 类似，此处不再赘述。接下来会看到安装组件的预览界面，如图 3-14 所示。

接着会开始组件的安装过程，如图 3-15 所示。

当全部成功之后，我们就完成集群的安装了。

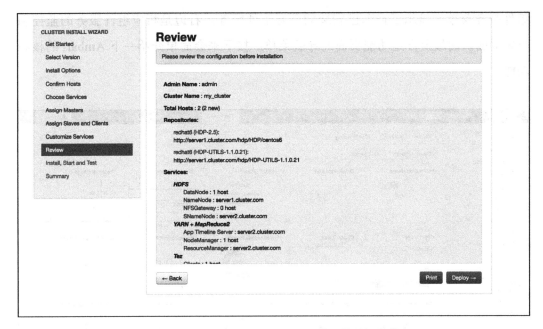

图 3-14　安装预览页面，显示了安装组件的概览信息

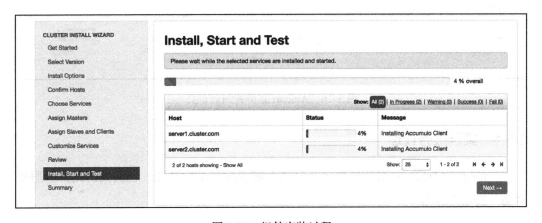

图 3-15　组件安装过程

3.5　Ambari 控制台功能简介

在经历了一系列安装过程之后，我们已经新建了一个集群并进入到了 Ambari 的集群控制台首页。Ambari 的集群控制台主要分为三个区域，如图 3-16 所示。左边是

组件服务菜单，显示了目前已安装的所有组件服务。右边是相应组件服务的监控和配置页面。而最上方是功能页面的导航菜单。接下来会简单介绍一下 Ambari 的核心功能。

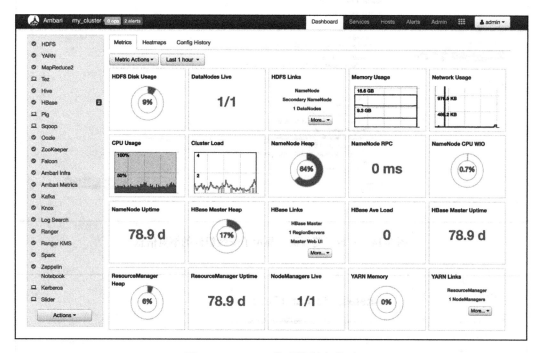

图 3-16　Ambari 集群控制台首页

3.5.1　集群服务管理

Ambari 为 Hadoop 服务提供了一套强大的管理与维护功能，包括集群用户、服务安装、服务监控等。

1. 集群用户

通过右上角的 Admin 菜单可以进入集群用户页面，我们可以看到 Ambari 对于已经安装的 Hadoop 服务都预建了一套用户，如图 3-17 所示。这些用户有两层含义，其一是 Ambari 系统内部的服务用户，这类用户是存储在 Ambari 自己的元数据数据库中的；其二是通过 Agent 服务在目标主机上建立的 Linux 用户，Hadoop 的组件服务在运行期间会使用这些 Linux 用户。

Ambari 高度自动化的集群用户功能，不仅免去了通过原始手工维护集群用户时的种种烦恼，也为日后集成权限、认证系统提供了空间。

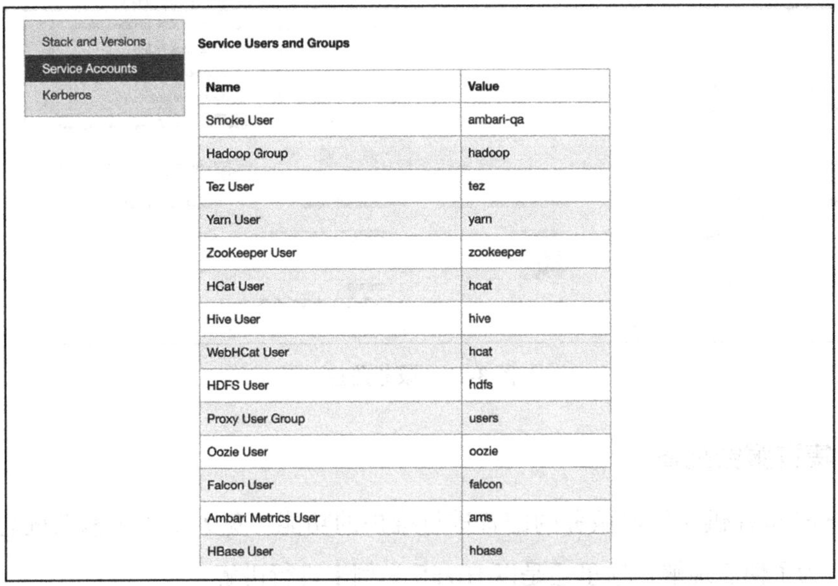
Stack and Versions
Service Accounts
Kerberos
Service Users and Groups
Name
Value
Smoke User
ambari-qa
Hadoop Group
hadoop
Tez User
tez
Yarn User
yarn
ZooKeeper User
zookeeper
HCat User
hcat
Hive User
hive
WebHCat User
hcat
HDFS User
hdfs
Proxy User Group
users
Oozie User
oozie
Falcon User
falcon
Ambari Metrics User
ams
HBase User
hbase

图 3-17　服务用户

2. 集群服务控制与监控

Ambari 的管理控制台还提供了对集群服务组件监控的能力。为了便于理解，这里以 HDFS 为例来进行讲解。其他服务的监控与 HDFS 类似。

使用左侧组件菜单选择 HDFS，可以看到右边页面切换成了 HDFS 的整体信息摘要，如图 3-18 所示。从摘要页面可以看到 HDFS 的 Namenode 和 Datanode 的状态概要信息，同时也能看到一些简单的指标，比如内存垃圾回收次数、连接负载等。不仅如此，通过右上角的 Service Actions 菜单，还能实现对 HDFS 进行各种操作，例如启动、停止、重启、平衡负载、下载配置和删除服务等。只需要点点鼠标就能完成集群服务的控制，大家是不是也觉得非常的方便呢？

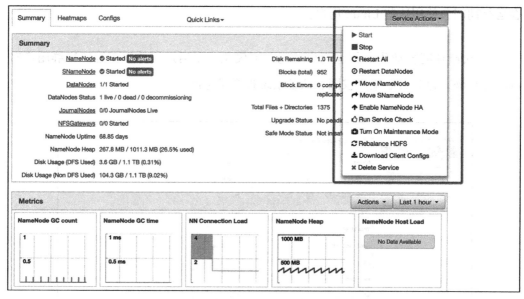

图 3-18　服务监控

3.5.2　集群服务配置

Ambari 也提供对集群服务的配置进行维护的功能，免去了手工修改配置的低效和烦琐。为了便于理解，这里还是以 HDFS 为例来进行讲解。

在 HDFS 的信息摘要页面点击 Configs 菜单，页面会切换成 HDFS 的配置页面，如图 3-19 所示。映入眼帘的是 HDFS 最常用的一些配置，例如 NameNode 和 DataNode 的文件路径，NameNode 和 DataNode 的堆内存大小……我们可以通过图形化交互的方式轻松的修改这些配置参数。

除了上述这些常用配置之外，还可以进行更进一步的高级设置。点击 Advanced 按钮切换到高级设置页面，如图 3-20 所示。可以看到在高级配置页面已经定义了 HDFS 所有的可配置项，在找到需要修改的配置进行修改之后单击 Save 按钮即可完成修改动作。如果修改的配置需要相应的关联服务重启之后才能生效的话，Ambari 也会通过提醒的方式让我们快速地进行服务重启。

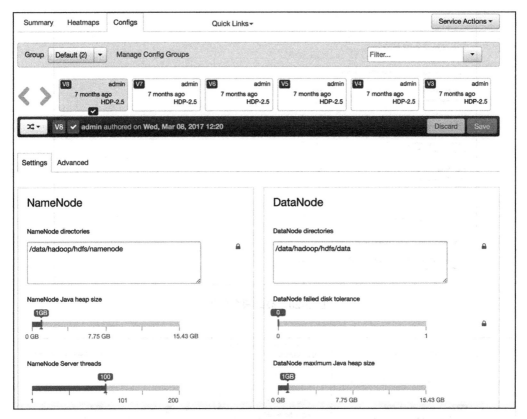

图 3-19　常用服务配置

如果配置参数修改错误了怎么办呢？这个也不用担心，Ambari 会自动记录配置修改的历史轨迹，每一次的修改都会生成一个版本。我们在修改之后可以随时浏览历史版本的配置项，还可以对比不同版本的配置内容，甚至可以恢复到某个版本的配置内容。

大多数组件服务都会拥有自己的一套原生管理系统，这里还是以 HDFS 为例来进行讲解。

例如 HDFS 就有 Namenode UI 系统用来观察集群状态和查看文件。如果想快速链接到组件服务相应的原生 UI 系统可以通过 Quick Links 功能进行便捷的页面链接，如图 3-21 所示。

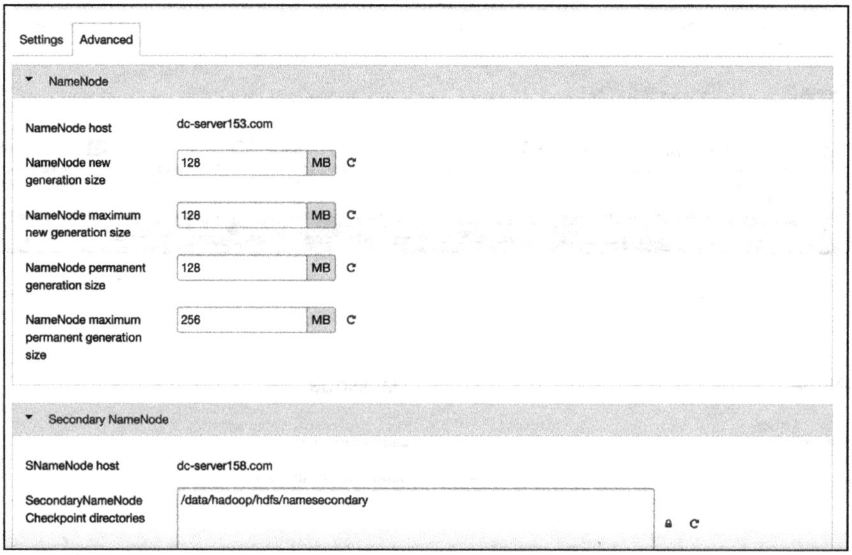

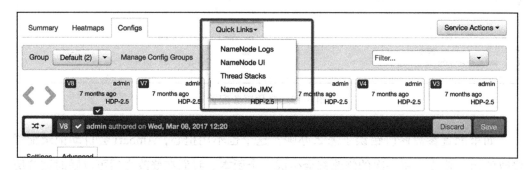

图 3-20　高级服务配置

图 3-21　Quick Links 功能

3.5.3　辅助工具

Ambari 在提供了集群的安装、管理和监控功能的同时，还附带了一些十分有用的辅助工具，用于提升 Hadoop 服务使用的易用性。

1. HDFS 文件管理

HDFS 是一个分布式文件系统，默认的情况下我们只能通过它提供的 shell 命令进行日常的维护操作，这种操作方式有一定的使用门槛，并且不直观。Ambari 提供了针对 HDFS 的文件管理功能，让我们通过可视化的方式查看 HDFS 上的目录和文件列表，同时通过功能按钮还能新建目录和上传文件，如图 3-22 所示。使用这个文件管理功能来维护 HDFS 会显得十分的方便。

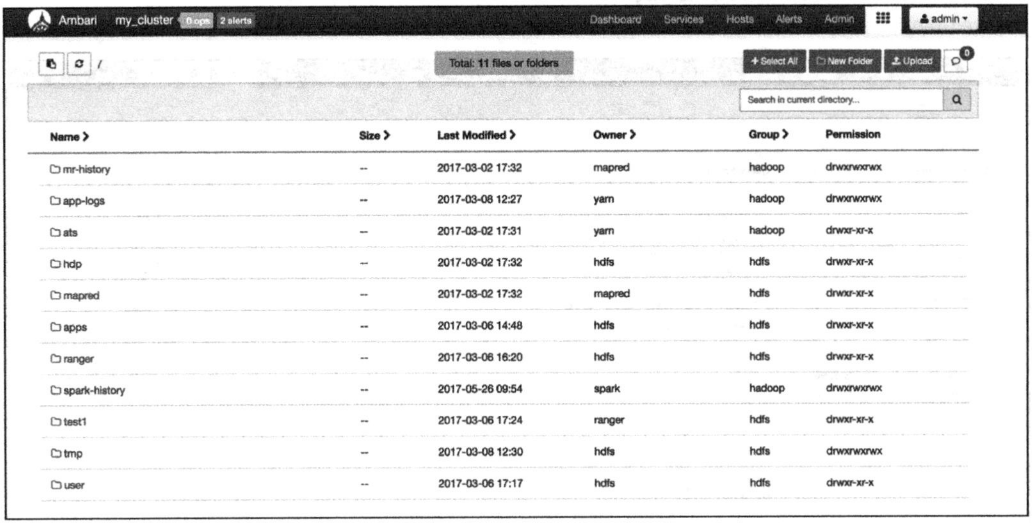

图 3-22　HDFS 文件管理

2. Hive 查询工具

Hive 是一款建立在 Hadoop 之上的数据仓库系统，可以提供数据的关系型存储和基于 SQL 的查询分析。由于使用了应用非常广泛的 SQL 作为数据操作的主要途径，所以大大降低了传统软件系统迁移到大数据技术的难度。默认的情况下我们只能通过它提供的 shell 命令执行 SQL 操作。

同样的，Ambari 也为我们提供了一款用于 Hive 操作的可视化工具，如图 3-23 所示。借助这款工具，我们可以直接在浏览器中编写 DDL 和查询语句来操作 Hive。

3. YARN 任务队列管理

YARN 是一个单一集群架构的通用资源调度框架，担负着为所有运行在集群上的应用分配系统资源的职责。为了对不同的应用提交者进行区分和限制使用的资源，

YARN 需要使用任务队列策略来进行应用提交者之间的资源隔离和控制。YARN 可以为不同的应用提交者定义它们各自的任务队列，并设置每个队列可以使用多少集群资源。默认的情况下我们只能通过修改 YARN 的配置文件来设置队列参数，这样的修改方式十分低效并且不便于管理。

图 3-23　使用 Hive 工具进行 DDL 和查询操作

好在 Ambari 为我们提供了一款可视化的 YARN 任务队列管理工具，如图 3-24 所示。通过它提供的队列管理功能，我们可以直接在这里新增、删除和修改队列，并为它们设置资源配置。同时这里也为每次队列配置的修改定义了历史版本，我们可以随时查看配置变更的历史轨迹并进行恢复。

4. 自助式分析系统

Zeppelin 是一款在线的笔记本工具，可以在一个浏览器窗口里直接以编写 SQL 或者代码的方式，以数据驱动的形式来进行交互式的数据分析。这是一款非常流行的自助式分析工具，Ambari 非常贴心的集成了它，这样我们又多了一种快速分析数据的手段，如图 3-25 所示。

图 3-24　YARN 任务队列管理

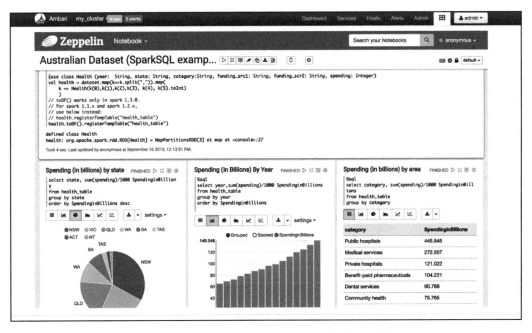

图 3-25　通过 Zepplin 使用 SparkSql 进行自助式分析

3.6 本章小结

通过本章的介绍，我们了解了通过 Ambari 安装 Hadoop 集群的整个过程。在安装集群之前应该结合实际业务情况规划自己的集群服务，可以根据主控、存储与计算、安全认证与管理和协同管理这四类角色去划分服务器职责并分配服务。在安装 Hadoop 集群的时候，首先需要安装 Ambari-Server 服务，再通过 Ambari-Server 提供的集群安装向导，一步一步地完成安装整个集群。

在下一章中，会介绍大数据平台中非常重要的安全部分。

第 4 章

构建企业级平台安全方案

得益于 Hadoop 生态体系的蓬勃发展，在今天，我们使用大数据技术的门槛相比十年前降低了几个数量级。就像第 3 章介绍的那样，我们只需借助 Ambari 这样优秀的开源系统就能轻松安装上 Hadoop 的集群服务，拥有处理大数据的能力。但是这样一套初始状态的服务只能被称为学习或者试验环境，它们还不足以担当起企业级大数据平台的重任。

为什么这么说呢？因为这套初始状态的服务在安全防护方面几乎是空白的。当平台用户数量少的时候我们可能不会在意集群安全功能的缺失，因为用户少、团队规模小，相对容易把控，开发人员之间也彼此了解。这时候只需要做好团队内部管理或是企业通过一些行政管理手段就能管理好集群的安全问题。但是别忘了我们的平台定位可是作为一个单一的大集群来支撑企业内部所有应用的。正所谓人上一百，形形色色。当平台用户达到一定数量之后其素质难免会参差不齐，大数据平台面对的也不再是一个小团队了。这时候靠团队自觉或是单纯地通过规章制度都很难再起到有效的作用。作为一个企业级平台，安全问题不容小视。

4.1 浅谈企业级大数据平台面临的安全隐患

接下来会描述企业级大数据平台面临的一些安全隐患，大数据平台只有将这些安全隐患解决，才能真正拿到生产环境中去使用。安全性是我们平台必备的能力。

4.1.1 缺乏统一的访问控制机制

大数据平台的底层技术栈由 Hadoop 生态中的众多子系统组成，这些系统都会提供一些基于 HTTP 协议的原生系统服务，这些服务可能是 Web UI 控制台或是 RESTful 服务接口。例如 HDFS 会提供 Namenode UI，YARN 会提供 Resource Manager UI，HBase 会提供 HBase Master UI，诸如此类。在日常应用开发和平台维护的过程中，我们会经常与这些原生系统服务打交道。默认的情况下，这些系统服务是没有设置访问控制的，这意味着任何人只要知道了服务的 URL 地址，就能任意使用管理控制台或调用 RESTful 接口，这是十分严重的隐患。

通常我们有两种解决方案应对这个问题，第一种方案是借助局域网的防火墙屏蔽这些系统服务的访问端口，以此来阻断对这些系统的访问。另一种方案是开启这些系统自身的访问认证功能，例如 HDFS 和 YARN 都可以开启认证模块。

但是这两种方案都不完美。防火墙的控制粒度十分粗犷，没有办法做到用户级别细粒度的访问控制。而系统自带的认证模块也存在问题，多个系统之间的认证和用户相互独立，各自为政。

4.1.2 缺乏统一的资源授权策略

单一集群架构的大数据平台在为我们提供了资源整合便利的同时，也带来了一些隐患。因为现在平台中的数据和服务等一切可用资源都集中在一起了，从物理上并不再完全隔绝，平台用户可以不受限制的访问任意的数据和服务，例如可以查询数据仓库（Hive）中所有的数据或是删除文件系统（HDFS）上的任意目录。这种隐患十分可怕，用户应该只能访问到自己的数据，不同用户和不同应用之间的数据存储需要隔离，用户对数据的访问和操作需要通过授权之后才能进行。

为了避免这些隐患，我们需要开启 Hadoop 系统的授权模块。HDFS、Hive 和 HBase 等系统自身都实现了基于用户的授权策略，但它们也存在着同样的问题，多个系统之间各自为政，缺乏统一的授权界面，管理起来十分不便。

4.1.3 缺乏 Hadoop 服务安全保障

Hadoop 相关的系统都是由一系列分布式服务组成的，它们在运行的过程中会进行大量的通讯。默认的情况下这些交互的信息是没有经过加密的，系统之间也不会验证这些信息来源是否可靠。这就为服务安全埋下了又一个隐患，因为这些交互信息可能被假冒或者篡改。以 HDFS 为例，通过之前的介绍我们知道 HDFS 是由一个主控 Namenode 服务和多个 Datanode 子服务组成的，所有对文件或目录的新增、修改和删除动作，都是先由客户端向 Namenode 提交请求，再由 Namenode 向各个 Datanode 发送命令执行的。在这样的过程会产生两个隐患，第一个是客户端向 Namenode 提交请求时 Namenode 并没有用户认证过程，客户端可以伪装成其他用户身份提交请求；第二个是当 Namenode 向 Datanode 发号施令时，Datanode 并不会验证消息的真伪，如果有恶意程序伪装成 Namenode，那后果不堪设想。

4.2 初级安全方案

原来我们刚刚搭建好的 Hadoop 集群有这么多的安全隐患啊，不过大家先不要惊慌，这些问题并不是没有办法解决。接下来会开始消除上一小节提到的众多安全隐患，在这个过程中我还会向大家展现一些新的组件。

4.2.1 访问控制

大数据平台需要解决的第一个问题，是保护平台中 Hadoop 集群中原生的 Web UI 控制台和 RESTful 服务。我们通过引入一种使用 HTTPS 协议的代理网关系统来解决这个问题，具体的思路如下：

1）通过防火墙将集群内 Hadoop 系统相关的端口全部屏蔽，只保留代理网关的访问端口。

2）用户对大数据平台内所有 Hadoop 系统原生 Web UI 控制台和 RESTful 服务的访问都经过网关进行代理访问，访问协议从 HTTP 升级到 HTTPS。

3）当用户通过代理网关访问服务的时候要求在网关处进行用户认证，只有认证通过的用户才能继续访问。

这样，对大数据平台内部 Hadoop 系统基于 HTTP 协议的原生 Web UI 控制台和 RESTful 服务就实现了基于用户粒度的访问控制。这个方案的重点在于统一的代理网关系统，接下来我要向大家介绍平台的新成员 Knox 网关。

1. Knox 网关简介

Apache Knox Gateway 是一款用于保护 Hadoop 生态体系安全的代理网关系统，为 Hadoop 集群提供唯一的代理入口。Knox 以类似反向代理的形式挡在集群的前面，隐匿部署细节（例如端口号和机器名等），接管所有用户的 HTTP 请求（例如 WEB UI 控制台访问和 RESTful 服务调用），以此来保护集群安全。不仅如此，Knox 还能担任认证网关的角色，如图 4-1 所示。

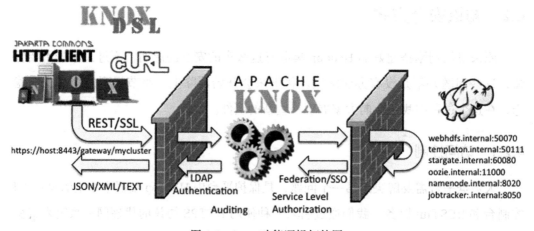

图 4-1　knox 功能逻辑拓扑图

Knox 网关本质上是一款基于 Jetty 实现的高性能反向代理服务器，通过内置的过滤器链来处理 URL 请求，支持使用 LDAP 进行用户身份认证。Knox 网关在架构设计上具有良好的可扩展性，这种扩展性主要通过 Service 和 Provider 这两个扩展性框架来实现。Service 扩展性框架提供了一种为网关增加新的 HTTP 或 RESTful 服务端点的途径，例如 WebHDFS 就是以新建的 Service 的形式加入 Knox 网关的。而 Provider 扩展性框架则是用来定义并实现相应 Service 所提供的功能，例如端点的用户认证或是 WebHDFS 中的文件上传等功能。

当我们使用 Knox 作为代理网关之后，大数据平台中 Hadoop 系统的逻辑拓扑就会变成如图 4-2 所示，这样我们就解决了第一个问题。

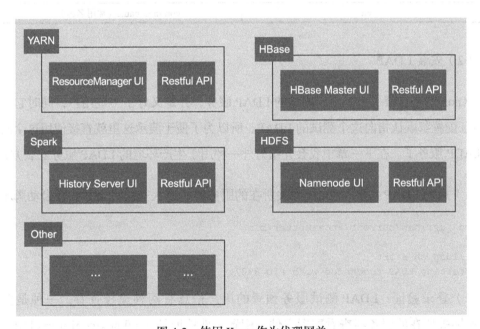

图 4-2　使用 Knox 作为代理网关

2. LDAP 介绍

Knox 网关是通过 LDAP 进行用户身份认证的，那什么是 LDAP 呢？LDAP(Lightweight Directory Access Protocol) 是轻量级目录访问协议的简称。它是一种树形目录结构的轻量级数据库，能够提供快速的检索能力。常用于存储企业内部组织机构与用户数据。

（1）核心概念

LDAP 通过定义 schema 模型来描述一个对象，模型中有一些重要的概念，如表 4-1 所示。

表 4-1 LDAP 中的重要概念

dn	distinguished name（唯一主键）
ou	organization unit（组织单元）
c	country name（国家）
dc	domain component（域名）
sn	sure name（真实名称）
cn	common name（常用名称）

（2）安装 LDAP

Knox 网关自带了一个用于测试的 LDAP 服务，并定义好了一些用户，同时它所有的认证配置都默认指向这个测试的 LDAP。所以为了便于演示这里就直接使用这个测试的 LADP 服务了。在下一章中我会介绍另外一种用于生产环境的 LDAP 服务安装方式。

1）启动 LDAP：登入 Knox 网关所在的服务器，进入安装目录并执行启动脚本。

```
cd /usr/hdp/current/knox-server/bin

./ldap.sh start
Starting LDAP succeeded with PID 8987.
```

2）登录验证：LDAP 测试服务预置的用户信息有两种途径查看，一种是登录 Knox 网关所在的服务器查看配置文件，配置文件地址是 /etc/knox/conf/users.ldif。另一种是通过 Ambari 的配置管理查看，如图 4-3 所示。

现在我们使用客户端工具连接到 LDAP 测试一下服务是否正确启动。市面上有很多免费的 LDAP 客户端工具可以选择，这里使用的是 jxplorer。

---

jxplorer 是一款开源的 LDAP 客户端工具，下载地址 http://jxplorer.org/。

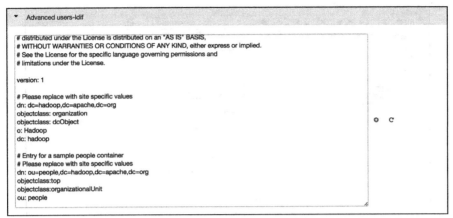

图 4-3　Knox 自带的 LDAP 服务默认的用户配置

打开 jxplorer 输入登录信息，如图 4-4 所示。几个比较重要的信息如下：

基底 DN：dc=hadoop, dc=apache, dc=org。

使用者 DN：uid=admin, ou=people, dc=hadoop, dc=apache, dc=org。

端口：33389。

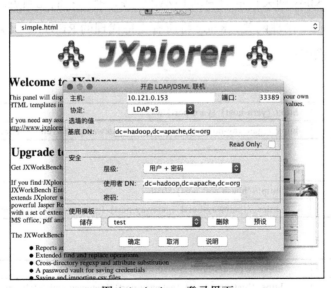

图 4-4　jxplorer 登录界面

登录之后我们会看到 LDAP 里面已经预置了一些组和用户的数据了，如图 4-5 所示。

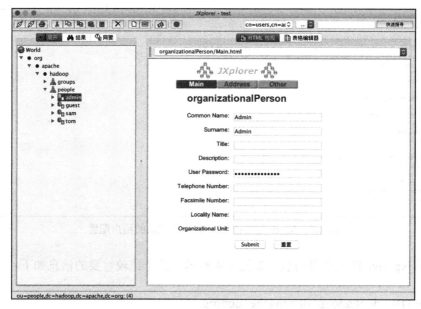

图 4-5 Knox 自带 LDAP 服务内置的用户和组数据

3. 验证 Knox 网关

由于使用了 Knox 网关自带的测试 LDAP 服务，所以我们无须更改它的配置便可直接使用。作为一个代理网关，Knox 将所有支持代理的 RESTful 服务和页面进行了一层地址映射，例如：

YARN

原生 URL	http://{yarn-host}:{yarn-port}/ws/
Knox URL	https://{gateway-host}:{gateway-port}/{gateway-path}/{cluster-name}/resourcemanager

HBase

原生 URL	http://{hbase-rest-host}:8080/
Knox URL	https://{gateway-host}:{gateway-port}/{gateway-path}/{cluster-name}/hbase

WebHDFS

原生 URL	http://{webhdfs-host}:50070/webhdf
Knox URL	https://{gateway-host}:{gateway-port}/{gateway-path}/{cluster-name}/webhdfs

现在我们来测试一下 YARN 的 RESTful 服务，打开浏览器输入 https://knox 服务

器机器名：8443/gateway/default/resourcemanager/v1/cluster/apps。这是 YARN 查看集群运行任务的 RESTful 服务接口。如图 4-6 所示，Knox 网关要求进行登录认证。

图 4-6　Knox 网关要求登录

输入用户名和密码进行登录认证，认证通过之后我们如愿访问到数据了，如图 4-7 所示。

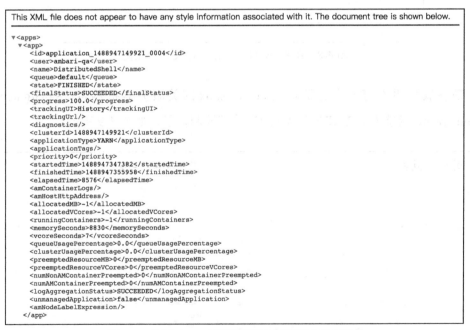

图 4-7　通过 Knox 代理访问 YARN RESTful 接口

接下来我们尝试访问 YARN 的 Web UI 控制台，Knox 网关的默认配置中只代理了 RESTful 接口,所以我们需要修改它的配置文件,添加想要代理的 Web UI 控制台。打开 Ambari 找到 Knox 网关的配置页面,选择 Advanced topology 配置项,在末尾增加 YARN UI 的配置,保存之后需要重启 Knox 网关服务。

```
<service>
    <role>YARNUI</role>
    <url>http://{{rm_host}}:{{rm_port}}</url>
</service>
```

配置完成后如图 4-8 所示。

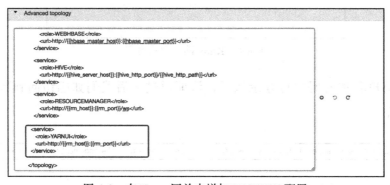

图 4-8　在 Knox 网关中增加 YARN UI 配置

现在我们再次打开浏览器输入 https://knox 网关服务器机器名:8443/gateway/default/yarn,就能看到 YARN 的 Web UI 管理控制台了,如图 4-9 所示。

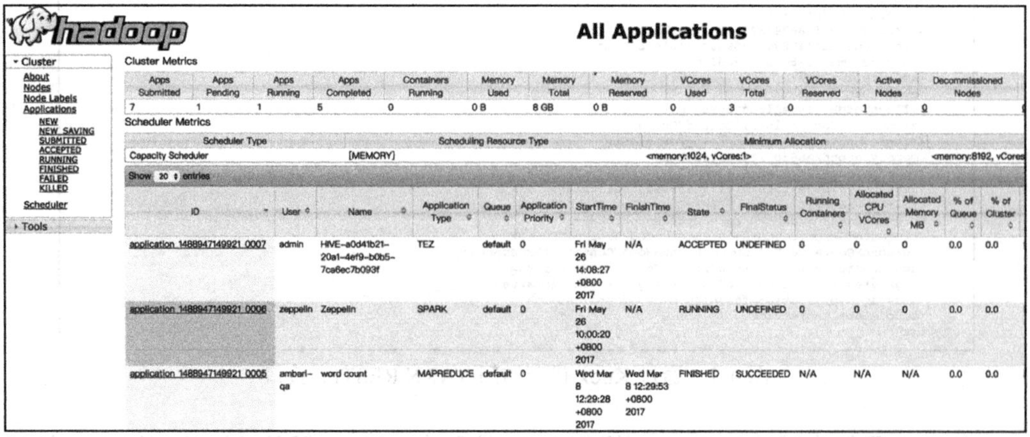

图 4-9　通过 Knox 网关代理访问 YARN UI

我们还可以继续修改 Knox 网关的配置加入更多的 Web UI 映射配置，例如：

HDFS Namenode UI

配置	`<service>`
	  `<role>HDFSUI</role>`
	  `<url>http://namenode 服务地址：50070/webhdfs</url>`
	`</service>`

原生 URL	http://{webhdfs-host}:50070/
Knox URL	https://{gateway-host}:{gateway-port}/{gateway-path}/{cluster-name}/hdfs

HBase UI

配置	`<service>`
	  `<role>HBASEUI</role>`
	  `<url>hmaster 服务地址：16010</url>`
	`</service>`

原生 URL	http://{hbase-master-host}:16010/
Knox URL	https://{gateway-host}:{gateway-port}/{gateway-path}/{cluster-name}/hbase/webui/

Spark UI

配置	`<service>`
	  `<role>SPARKHISTORYUI</role>`
	  `<url>history 服务地址：18080/</url>`
	`</service>`

原生 URL	http://{spark-history-host}:18080
Knox URL	https://{gateway-host}:{gateway-port}/{gateway-path}/{cluster-name}/sparkhistory

4.2.2 数据授权与管理

我们需要解决的第二个问题，是保护大数据平台中的资源安全，这些资源包括数据资源（例如 HDFS、Hive 和 HBase 系统中的数据）和系统资源（例如 YARN 的任务队列）。HDFS、Hive 和 HBase 等系统虽然拥有各自的权限管理功能，但它们太过分散且配置方式原始，不利于管理。所以我们需要引入一个授权系统，它需要集成所有子系统的权限管理功能并提供一个统一的授权界面。这里向大家介绍一个新的组件 Ranger。

1. Ranger 简介

Apache Ranger 是一款被设计成全面掌管 Hadoop 生态系统的数据安全管理框架。它为

Hadoop 生态系统中众多的组件提供了一个统一的数据授权与管理界面。使得系统管理员只需面对 Ranger 一个系统，就能对 Hadoop 整个生态体系进行数据授权、数据管理与审计。

Ranger 从架构上来看主要由三大部分组成，如图 4-10 所示。

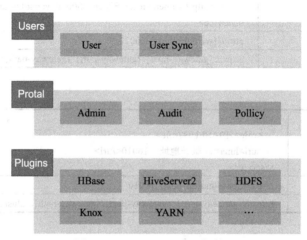

图 4-10　Apache Ranger 架构图

1）Admin Portal：管理员门户是一个 Web UI 控制台，用户通过它可以创建和更新权限策略。每个组件（如 HDFS、HBase 等）的插件定期以轮询的方式查询这些策略。门户系统还包含一个审计系统，每个组件的插件会定期向审计系统发送收集到的操作日志。

2）Plugins：Ranger 通过插件机制来实现并扩展自己的能力，这些插件本质上是一些嵌入在每个集群服务中的轻量级 Java 程序。例如 Apache Hive 的 Ranger 插件就是嵌入在 Hiveserver2 里面。这些插件会定期从管理门户获取权限策略，当用户的请求通过组件时，这些插件会拦截请求并进行权限检查。同时这些插件还能收集用户的操作日志并发送给管理门户的审计系统。

3）User sync：Ranger 系统有自己的内部用户，从门户系统的登录到权限策略的分配都是基于这些内部用户进行的。Ranger 是一个统一 Hadoop 生态系统的安全管理框架，所以它面对的是 Hadoop 生态的众多组件。而这些组件使用的是服务器上的 Linux 用户，所以我们需要映射一份 Linux 用户数据成为 Ranger 的内部用户。用户同步服务就是专门来做这件事情的，Ranger 通过用户同步服务实时的从 Linux 服务器中同步用户数据。

2. 安装 Ranger

现在开始安装 Ranger 组件，我们依旧会借助 Ambari 来进行安装，整个过程会分为新建服务和配置服务两个阶段。

（1）新建服务

首先登录 Ambari，通过点击首页左下角的 Actions 按钮我们会看到新建服务选项，如图 4-11 所示。

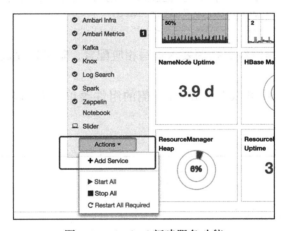

图 4-11　Ambari 新建服务功能

点击新建服务之后会进入新建服务向导页面。我们勾选 Ranger 和 Ranger KMS 这两个服务，如图 4-12 所示。

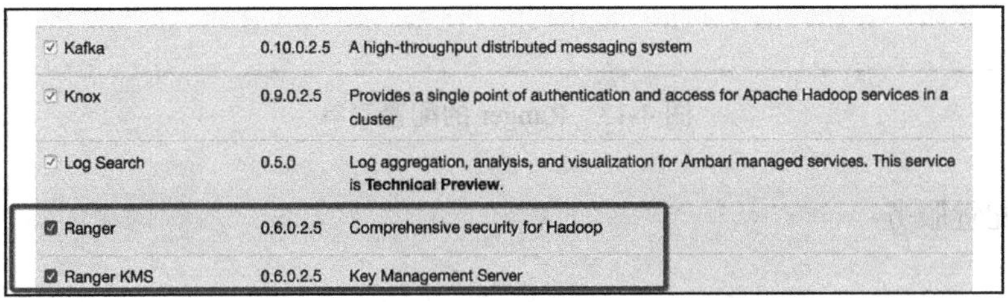

图 4-12　在新建服务向导页面勾选 Ranger 组件

接着我们会看到一条提示信息，要求我们配置 Ambari-Server 的 JDBC 驱动信息。因为 Ranger 需要使用关系型数据库存储一些元数据信息，这里我们选择使用 MySQL 数据库。将 MySQL 驱动 jar 包上传到 Ambari-Server 所在的服务器，然后执行如下命令：

```
ambari-server setup --jdbc-db={database-type} --jdbc-driver={ mysql 驱动的 jar 包的绝对路径 }
```

如果配置正确会看到如下信息：

```
Using python  /usr/bin/python
Setup ambari-server
Copying mysql 驱动的 jar 包的绝对路径 to /var/lib/ambari-server/resources
If you are updating existing jdbc driver jar for mysql with mysql-connector-java-5.
    1.27.jar. Please remove the old driver jar, from all hosts. Restarting services
    that need the driver, will automatically copy the new jar to the hosts.
JDBC driver was successfully initialized.
Ambari Server 'setup' completed successfully.
```

接下来只需要一路继续，按照要求填写相应配置，就可以完成 Ranger 的安装了。

完成安装之后，就可以在 Ambari 左侧的组件菜单里看到 Ranger 的身影了，如图 4-13 所示。

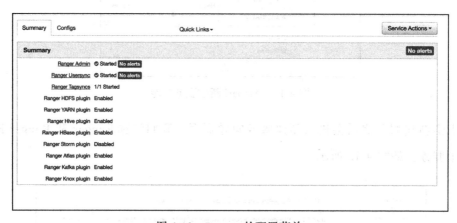

图 4-13　Ranger 的配置菜单

（2）配置服务

安装完毕之后我们需要配置 Ranger 以让它能够正常工作，通过点击 Configs 按钮来到配置界面。Ranger 的配置项有很多被分为了六大类，它们分别是管理员配置、用户信息配置、插件配置、审计配置、标签同步配置和高级配置。这里我们主要关注插件配置和审计配置，其他配置项保持默认即可。

首先单击 Ranger Plugin 分类进入插件配置界面，这里列举了 Ranger 支持配置权限策略的所有子系统的插件项。这里我们先将 HDFS 和 HBase 的插件设置成开启状态，如图 4-14 所示。

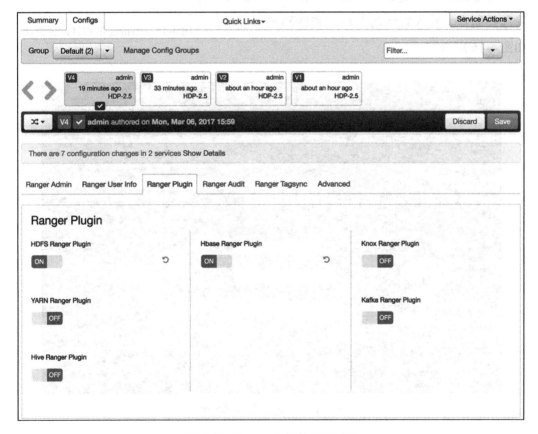

图 4-14　Ranger 的插件配置页面

接着我们点击 Ranger Audit 分类进入审计配置页面，开启 Audit to Solr 和 SolrCloud 选项将审计日志存入搜索引擎 Solr，如图 4-15 所示。

现在我们已经完成了对 Ranger 插件和审计的配置，单击 Save 按钮保存。这时 Ambari 会提示我们需要重启相应服务之后配置才能生效。按照提示通过 Ambari 的组件控制功能重启相应服务。完成之后就可以去看看 Ranger 的 Web UI 管理控制台了。

3. Ranger 功能介绍

通过 Ambari 的 Quick Links 功能进入 Ranger 的管理控制台，输入默认的用户名和密码进行登录，如图 4-16 所示。

图 4-15　Ranger 的审计配置页面

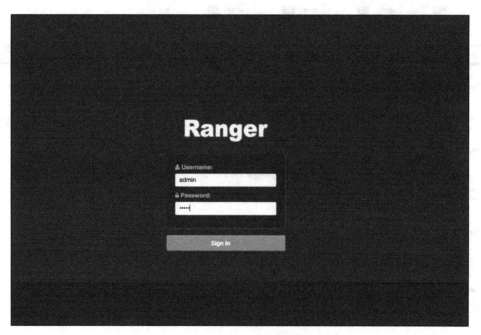

图 4-16　Ranger 的登录界面

（1）Ranger 用户

单击 Settings 设置按钮进入用户管理页面，在这里可以看到 Ranger 的所有用户。我们发现 Ranger 已经预建好了一批用户，这些用户是不是很眼熟呢？它们和 Ambari

用户管理里面的集群组件用户如出一辙。没错，这些用户就是从 Hadoop 集群的 Linux 用户同步过来的。

Ranger 将用户分为两类来源，内部用户和外部扩展用户。内部用户是 Ranger 自己单方面创建的用户，主要用来做系统内部管理相关的工作，与外部系统没有关联。而外部扩展用户则是通过同步程序从集群服务中同步而来的用户，是 Ranger 用户和集群服务用户的一层映射，主要用于权限策略的分配。如图 4-17 所示，admin 用户属于内部用户，而所有同步过来的集群服务用户均属于外部扩展用户。

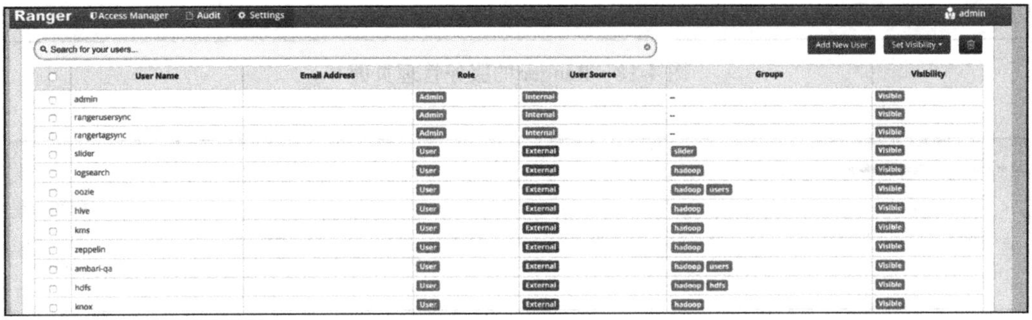

图 4-17　Ranger 的用户管理页面

（2）权限策略

现在开始介绍如何通过 Ranger 进行数据授权。首先单击 Access Manager 进入服务管理页面。我们会看到一个格栅布局的列表，它们是 Ranger 目前能够支持的所有子系统。因为在安装 Ranger 的时候已经开启了 HDFS 和 HBase 的插件，所以我们在 HDFS 和 HBase 两个组件下可以看到 my_cluster_hadoop 和 my_cluster_hbase 两个服务。它们是 Ranger 根据开启的插件预建的服务项，以 Ambari 集群名称 + 组件名称的规则命名，如图 4-18 所示。

1）新建权限策略

这里还是以 HDFS 为例，单击 my_cluster_hadoop 进入 HDFS 的权限策略列表页面。这里可以查看、新建、修改跟删除 HDFS 的权限策略,如图 4-19 所示。单击 Add New Pollicy 进入新建策略页面。

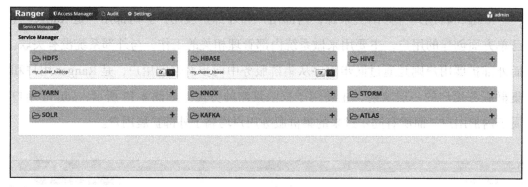

图 4-18　Ranger 的服务管理页面

图 4-19　Ranger 的权限策略管理页面

权限策略页面主要分为 Pollicy Detail 和 Allow Conditions 两个部分,Pollicy Detail 是对策略元数据的定义,而 Allow Conditions 是基于用户或组进行操作权限的分配。

HDFS 权限策略的主要配置项如表 4-2 所示。

表 4-2　HDFS 权限策略配置项说明

Pollicy Name	策略名称
Resource Path	资源路径
Audit Logging	是否开启审计日志

HDFS 是一个分布式的文件系统,所以它的权限模型和标准的文件系统类似,是基于文件路径进行授权的,这里我们为这个权限策略取名为 test_pollicy,资源路径设置为根目录,并开启审计日志。

然后在 Allow Conditions 配置中我们授权 ranger 用户 read 权限。设置完毕之后单击 save 保存。这样，一个新的 HDFS 权限策略就设置完成了，如图 4-20 所示。

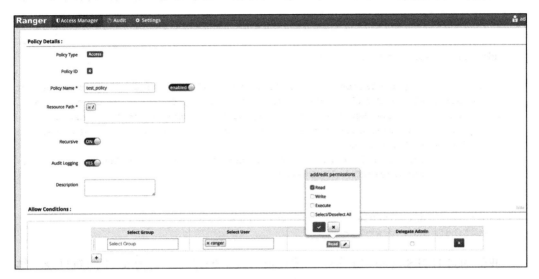

图 4-20　HDFS 新建权限策略页面

2）验证权限策略

现在来验证下权限策略是否有效，首先通过 SSH 登录到集群服务器并切换成 ranger 用户。

```
su ranger
```

接着执行查询命令。

```
hdfs dfs -ls /

Found 10 items
drwxrwxrwx   - yarn    hadoop          0 2017-03-02 17:32 /app-logs
drwxr-xr-x   - hdfs    hdfs            0 2017-03-06 14:48 /apps
drwxr-xr-x   - yarn    hadoop          0 2017-03-02 17:31 /ats
drwxr-xr-x   - hdfs    hdfs            0 2017-03-02 17:32 /hdp
drwxr-xr-x   - mapred  hdfs            0 2017-03-02 17:32 /mapred
drwxrwxrwx   - mapred  hadoop          0 2017-03-02 17:32 /mr-history
drwxr-xr-x   - hdfs    hdfs            0 2017-03-06 16:20 /ranger
drwxrwxrwx   - spark   hadoop          0 2017-03-06 17:22 /spark-history
```

```
drwxrwxrwx   - hdfs   hdfs              0 2017-03-02 17:33 /tmp
drwxr-xr-x   - hdfs   hdfs              0 2017-03-06 17:17 /user
```

可以看到如期返回了数据，说明刚才分配的 read 权限是生效的。现在尝试下新建一个目录会发生什么状况。

```
hdfs dfs -mkdir /test1

WARN retry.RetryInvocationHandler: Exception while invoking ClientNamenodeProt
    ocolTranslatorPB.mkdirs over null. Not retrying because try once and fail.
org.apache.hadoop.ipc.RemoteException(org.apache.hadoop.security.AccessControl-
    Exception): Permission denied: user=ranger, access=WRITE, inode="/test1":
    hdfs:hdfs:drwxr-xr-x
        at org.apache.hadoop.hdfs.server.namenode.FSPermissionChecker.check(FS-
            PermissionChecker.java:319)
。。。。。
。。。。。
mkdir: Permission denied: user=ranger, access=WRITE, inode="/
    test1":hdfs:hdfs:drwxr-xr-x
```

我们通过 HDFS 的 mkdir 命令尝试在根目录下创建一个名为 test1 的新目录，结果返回了权限错误异常，指明 ranger 用户没有 write 权限。这个结果也十分符合我们权限策略的预期。

现在我们重新回到 HDFS 的权限策略页面，修改 test_pollice 策略，为 ranger 用户增加 write 权限，如图 4-21 所示。

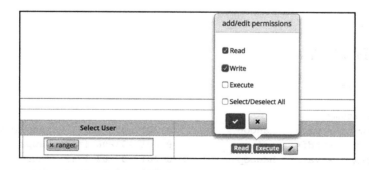

图 4-21　为 ranger 用户添加 write 权限

我们再次使用 HDFS 命令尝试创建目录。

```
hdfs dfs -mkdir /test1

hdfs dfs -ls /

Found 11 items
drwxrwxrwx   - yarn    hadoop          0 2017-03-02 17:32 /app-logs
drwxr-xr-x   - hdfs    hdfs            0 2017-03-06 14:48 /apps
drwxr-xr-x   - yarn    hadoop          0 2017-03-02 17:31 /ats
drwxr-xr-x   - hdfs    hdfs            0 2017-03-02 17:32 /hdp
drwxr-xr-x   - mapred  hdfs            0 2017-03-02 17:32 /mapred
drwxrwxrwx   - mapred  hadoop          0 2017-03-02 17:32 /mr-history
drwxr-xr-x   - hdfs    hdfs            0 2017-03-06 16:20 /ranger
drwxrwxrwx   - spark   hadoop          0 2017-03-06 17:24 /spark-history
drwxr-xr-x   - ranger  hdfs            0 2017-03-06 17:24 /test1
drwxrwxrwx   - hdfs    hdfs            0 2017-03-02 17:33 /tmp
drwxr-xr-x   - hdfs    hdfs            0 2017-03-06 17:17 /user
```

这一次我们成功的在根目录下创建了 test1 目录，说明权限策略完全按照预期的设定生效了。

（3）审计日志

作为一个企业大数据平台，它的基础服务会被大量上层应用使用（例如 HDFS、HBase 等）。对平台中基础组件的操作进行追溯也是一项必不可少的功能，Ranger 就能帮助实现审计日志的功能。

Ranger 为我们提供了四类审计日志功能：

1）访问日志：访问日志主要记录的是用户对资源的访问情况。还记得刚才使用 ranger 用户执行了哪些 HDFS 操作吗？现在通过 Audit 审计菜单进入访问日志页面。如图 4-22 所示，可以看到 Ranger 用户首先对根目录执行了一次读操作。接着执行了一次写操作，这次操作由于没有权限，它的状态是 denled（拒绝）。在我们修改了权限策略之后 Ranger 用户又进行了写和读两次操作。

通过访问日志我们清楚地看到 Ranger 用户总共进行了 4 次操作，每次操作的时间、类型、资源和结果等信息都非常清晰准确。

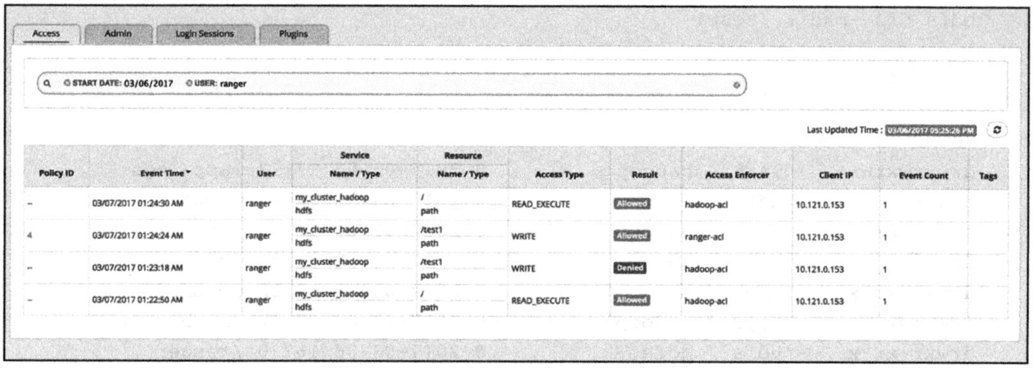

Policy ID	Event Time	User	Service Name / Type	Resource Name / Type	Access Type	Result	Access Enforcer	Client IP	Event Count	Tags
--	03/07/2017 01:24:30 AM	ranger	my_cluster_hadoop hdfs	/ path	READ_EXECUTE	Allowed	hadoop-acl	10.121.0.153	1	
4	03/07/2017 01:24:24 AM	ranger	my_cluster_hadoop hdfs	/test1 path	WRITE	Allowed	ranger-acl	10.121.0.153	1	
--	03/07/2017 01:23:18 AM	ranger	my_cluster_hadoop hdfs	/test1 path	WRITE	Denied	hadoop-acl	10.121.0.153	1	
--	03/07/2017 01:22:50 AM	ranger	my_cluster_hadoop hdfs	/ path	READ_EXECUTE	Allowed	hadoop-acl	10.121.0.153	1	

图 4-22　Ranger 的访问日志页面

2）**管理员日志**：管理员日志主要记录的是管理员操作，例如新建用户、新建或修改权限策略这些操作都会被管理员日志记录下来。如图 4-23 所示，我们可以清楚地看到在刚才验证权限策略有效性的过程中，我们使用 admin 用户修改了两次 test_pollicy 权限策略的配置。

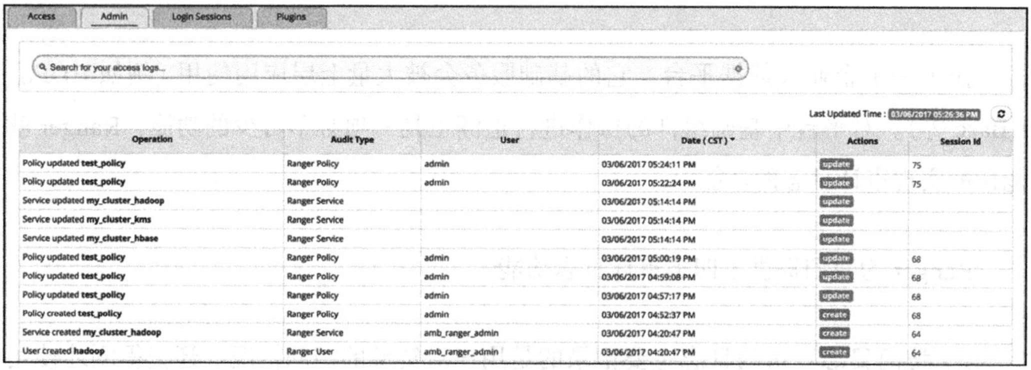

Operation	Audit Type	User	Date (CST)	Actions	Session Id
Policy updated **test_policy**	Ranger Policy	admin	03/06/2017 05:24:11 PM	update	75
Policy updated **test_policy**	Ranger Policy	admin	03/06/2017 05:22:24 PM	update	75
Service updated **my_cluster_hadoop**	Ranger Service		03/06/2017 05:14:14 PM	update	
Service updated **my_cluster_kms**	Ranger Service		03/06/2017 05:14:14 PM	update	
Service updated **my_cluster_hbase**	Ranger Service		03/06/2017 05:14:14 PM	update	
Policy updated **test_policy**	Ranger Policy	admin	03/06/2017 05:00:19 PM	update	68
Policy updated **test_policy**	Ranger Policy	admin	03/06/2017 04:59:08 PM	update	68
Policy updated **test_policy**	Ranger Policy	admin	03/06/2017 04:57:17 PM	update	68
Policy created **test_policy**	Ranger Policy	admin	03/06/2017 04:52:37 PM	create	68
Service created **my_cluster_hadoop**	Ranger Service	amb_ranger_admin	03/06/2017 04:20:47 PM	create	64
User created **hadoop**	Ranger User	amb_ranger_admin	03/06/2017 04:20:47 PM	create	64

图 4-23　Ranger 的管理员日志页面

3）**登录会话日志**：登录会话日志会记录所有用户的登录行为，包括登录人、登录方式、登录时间、登录人的 IP 地址等信息，如图 4-24 所示。

4）**插件日志**：在开篇介绍 Ranger 的时候我们有说过，Ranger 的插件会定期从管理门户获取权限策略，插件日志就记录了这些插件同步策略的轨迹。什么插件在哪个时间点更新过何种策略都能清晰地在日志中体现，如图 4-25 所示。

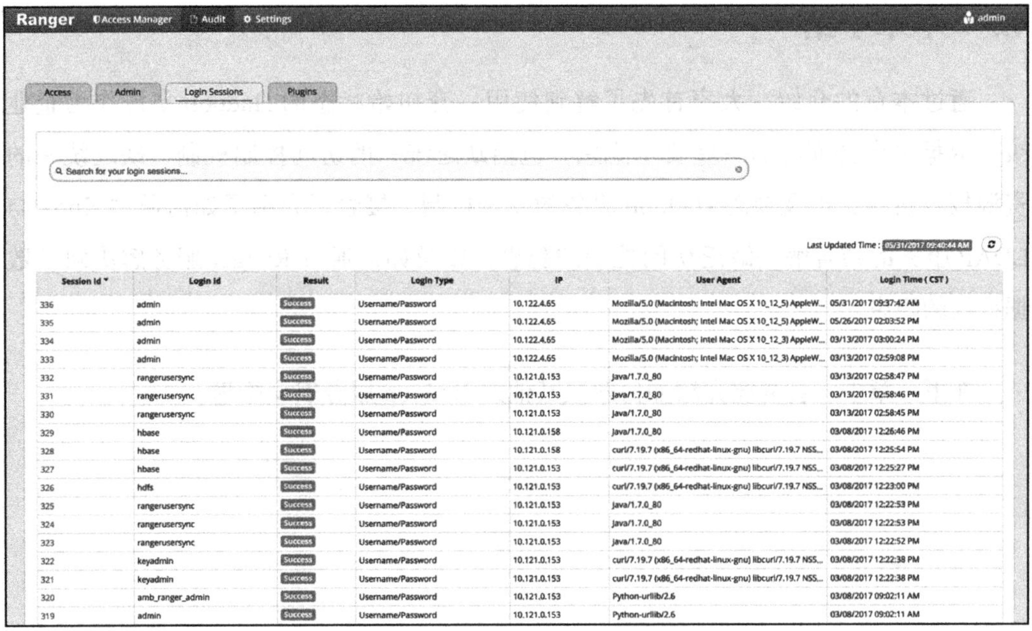

图 4-24 Ranger 的登录会话日志页面

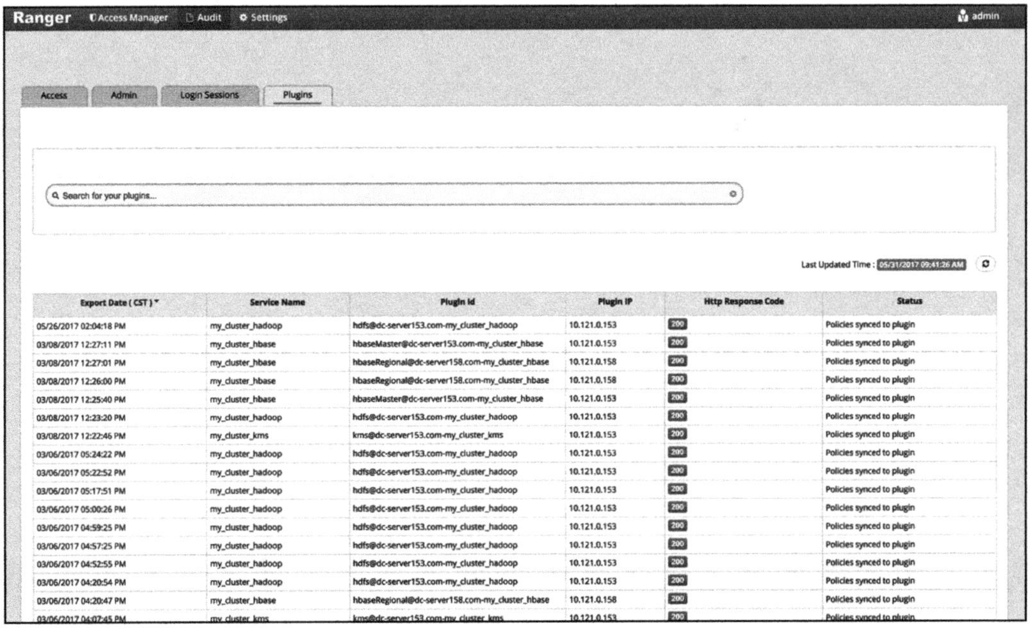

图 4-25 Ranger 的插件日志页面

4.3 本章小结

通过本章的介绍，大家首先了解到使用一套初始状态的 Hadoop 集群作为企业级大数据平台会面临的一些安全隐患，包括缺乏统一的访问控制机制、缺乏统一的资源授权机制，以及缺乏 Hadoop 服务的安全机制。接着，介绍了如何通过 Knox 与 LDAP 服务的结合解决缺乏访问控制的隐患，以及如何通过 Ranger 服务解决缺乏数据授权的隐患。

在下一章中，会继续介绍如何解决其他的 Hadoop 服务安全隐患。

第 5 章

Hadoop 服务安全方案

现在将视线再次指向 Hadoop 服务，因为到目前为止，大数据平台中的 Hadoop 相关服务还未受到任何保护，仍然存在被内部伪装攻击的隐患。这一隐患十分严重，它直接威胁到平台底层最核心的系统。

Hadoop 服务的安全问题由来已久，因为它在设计之初并未考虑过安全部分。这导致用户在提交任务的时候可以随意伪造身份，或是恶意程序伪装成服务进程对集群造成破坏。随着时间的推移，行业内的安全意识越来越高，Hadoop 生态顺应潮流也逐渐补充完善了自己的安全模型。

我们的设计思路是引入 Kerberos 认证机制。通过集成 Kerberos 协议，就能够使用 Kerberos 用户代替服务器本地的 Linux 用户，从而让大数据平台中的 Hadoop 相关服务全部使用 Kerberos 用户通过它的认证中心进行认证，以大幅提升平台的安全性。

5.1 Kerberos 协议简介

有些大数据平台只是简单地通过防火墙来解决它们的网络安全问题。十分不幸的是，防火墙有一个假设的前提，它总是假设"破坏者"都来自于外部，而大多数计算机威胁的来源往往都来自于内部。

Kerberos 是一个网络认证的框架协议，它的命名灵感来自于希腊神话中一只三头犬守护兽，寓意其拥有强大的保护能力。Kerberos 协议通过强大密钥系统为 Server（服务端）和 Client（客户端）应用程序之间提供强大的通信加密和认证服务。在使用 Kerberos 协议认证的集群中，Client 不会直接和它的 Server 服务进行通信认证，而是通过 KDC（Key Distribution Center）这样一个独立的服务来完成互相之间的认证。同时 Kerberos 还能将服务之间的全部通信进行加密以保证其隐私与完整性。

1. 核心概念

在 Kerberos 协议中有一些重要的概念，如表 5-1 所示。了解这些概念有助于我们理解 Kerberos 的认证过程。

表 5-1 Kerberos 中的重要概念

KDC（Key Distribution Center）	KDC 用于验证各个模块，是统一认证服务
Kerberos KDC Server	KDC 所在的服务器
Kerberos Client	任何一个需要通过 KDC 认证的机器（或模块）
Principal	用于验证一个用户或者一个 Service 的唯一的标识，相当于一个账号，需要为其设置密码
Keytab	包含有一个或多个 Principal 以及其密码的文件，可用于用户登录
Relam	由 KDC 以及多个 Kerberos Client 组成的网络
KDC Admin Account	KDC 中拥有管理权限的用户（例如添加、修改、删除 Principal）
Authentication Server (AS)	用于初始化认证，并生成 Ticket Granting Ticket（TGT）
Ticket Granting Server (TGS)	在 TGT 的基础上生成 Service Ticket。一般情况下 AS 和 TGS 都在 KDC 的 Server 上

2. 认证流程

Kerberos 协议主要由 Key 分发中心（KDC）、服务提供者（Server）和用户（User）三部分组成，它的认证过程如图 5-1 所示。一个 User 或者一个 Service 会用 Principal 到 AS 去认证（第 1 步），AS 会返回一个用 Principal Key 加密的 TGT（第 2 步），这时候只有 AS 和这个 Principal 的使用者可以识别该 TGT。在拿到加密的 TGT 之后，User 或者 Service 会使用 Principal 的 Key 来解密 TGT，并使用解密后的 TGT 去 TGS 获取

Service Ticket（第 3 步和第 4 步）。在 Kerberos 认证的集群中，只有拿着这个 Service Ticket 才可以访问真正的 Server 从而实现自己的业务逻辑（第 5 步和第 6 步骤）。

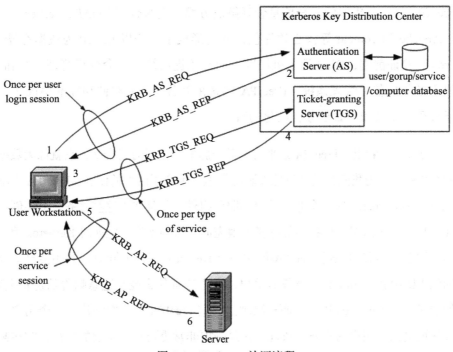

图 5-1　Kerberos 认证流程

5.2　使用 FreeIPA 安装 Kerberos 和 LDAP

Kerberos 协议只是一种协议标准的框架，而 MIT Kerberos 则是实现了该协议的认证服务，是 Kerberos 协议的物理载体。将它与 Hadoop 服务进行集成便能够很好地解决安全性不足的问题。

除了需要安装 MIT Kerberos 之外，我们还需要安装 LDAP。大家还记得 LDAP 吗？在第 4 章中提到过它，Knox 网关使用的用户便来自于它。当时为了能够快速测试，直接使用了 Knox 网关附带的 LDAP 服务，这种用于测试的 LDAP 服务显然不应该用在真正的生产环境中，所以我们需要另外一种更为正式的安装方式。

Kerberos 和 LDAP 服务这类基础设施组件虽好，但它们手动安装起来都十分的烦琐。这种手动安装的方式既低效又不利于管理。接下来会向大家介绍一种全新的方法，通过使用 FreeIPA 来安装上述的基础设施组件。

FreeIPA 是一个集成的安全信息管理解决方案。它整合了 LDAP、Kerberos、NTP、Bind、Apache 和 Tomcat 等核心软件包，从而形成了一个以 LDAP 为数据存储后端，Kerberos 为验证前端，Bind 为主机识别，同时还提供统一的命令行管理工具和 WEB 管理界面的集成信息管理系统。FreeIPA 建立在著名的开源组件和标准协议之上，具有易于管理、安装和配置任务自动化的特点。

从图 5-2 可以看出，FreeIPA 是平台基础设施的一记强力组合拳，它就像大数据版本的 XAMPP 一样，为我们在基础设施安装与管理上带来了巨大的便利。FreeIPA 它不仅集成了 LDAP 和 Kerberos 这两个非常重要的服务组件，并且在中这些服务之上还创建了一层 CLI 接口。通过这层接口我们能够轻松地完成一系列动作，例如对 Kerberos 用户的管理工作。注意，当我们通过 FreeIPA 创建一个 Kerberos 用户的同时，它还会自动创建一个相同的 LDAP 用户和 Linux 服务器用户，这意味着什么呢？这意味着从逻辑上来看，我们创建了一个 Kerberos 用户，而从物理上其实 FreeIPA 帮我们创建了三个用户，并且它能够保证这三个用户的事务一致性。这是一项非常重要且了不起的特性，它在某种程度上帮我们实现了用户的统一，在下一章中会介绍如何借助这项特性实现更酷的功能。

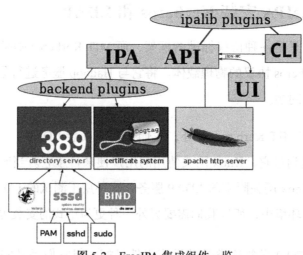

图 5-2　FreeIPA 集成组件一览

XAMPP 是一款包含了 Apache、PHP 和 MySql 等众多基础组件的整合软件，是开源基础组件的一记强力组合拳。官网地址 https://www.apachefriends.org/zh_cn/index.html。

5.2.1 安装 FreeIPA

FreeIPA 服务分为 IPA-Server 和 IPA-Client 两个部分，IPA-Server 包含了所有集成的组件以及 Web UI 管理控制台，可以说它是控制与验证的中心服务。我们需要单独准备一台服务器来安装 IPA-Server 程序，这台服务器不能属于任何由 Ambari 管理的集群节点。这是因为在安装 IPA-Server 的过程中，安装程序会将其所在的服务器地址注册到 DNS 服务中，而 Ambari 的集群节点也会进行相同的注册动作。如果一台服务器同时安装了 IPA-Server 并注册成为 Ambari 节点，就会造成名称的冲突，导致在注册 DNS 的过程中失败。IPA-Client 与 IPA-Server 则恰恰相反，Ambari 管理的所有集群节点服务器上都必须安装 IPA-Client。

所以这里需要再准备一台虚拟机，我们可以直接将 server2 进行克隆，并将其命名为 server3.cluster.com。

接下来开始介绍 IPA-Server 部分的安装，IPA-Client 部分会在后续讲解 Ambari 集成的小节专门介绍。

1. 扩充密钥长度

Kerberos 需要使用 256 位的 AES 加密算法，而 JRE 中默认的密钥长度比较短，并不足以支撑。所以我们需要升级集群中所有服务器节点 JRE 的安全策略，使其能够解除密钥长度的限制。修改的方式是下载并替换 JRE 中的 Unlimited JCEPolicy 文件。以 JDK7 为例，下载地址为 http://public-repo-1.hortonworks.com/ARTIFACTS/Unlimited-JCEPolicyJDK7.zip。

将其解压之后会得到 local_policy.jar 和 US_export_policy.jar 两个 jar 文件，将它

们复制到每台服务器 JDK 路径下的 jre/lib/security 目录下（例如拷贝到 / jdk1.7.0/jre/lib/security 目录下）即可完成安全策略的升级。

2. 安装 IPA-Server

密钥长度扩完毕之后就可以开始安装 IPA-Server 了。IPA-Server 的整个安装过程会分为三个部分，分别是安装 IPA 系统工具、安装 IPA-Server 和配置 IPA-Server。

首先执行 yum install 命令安装 IPA 系统工具。

```
yum -y install ntp ipa-server ipa-server-dns  bind-dyndb-ldap
```

安装之后就能够执行 ipa-server 相关的 shell 命令了，通过 ipa-server-install 命令安装 IPA 服务。

```
ipa-server-install ¥
--domain=com.cluster      ¥
--realm=COM.TESTCLUSTER       ¥
--hostname=server1.cluster.com     ¥
--ip-address=192.168.10.12     ¥
--setup-dns      ¥
--forwarder=192.168.0.1     ¥    ¥
--reverse-zone=0.168.192.in-addr.arpa.
```

注意到命令末尾附带了一些参数，其中重点配置项说明如表 5-2 所示。

表 5-2 重点配置说明（一）

配置项	说明
realm	认证管理域
hostname	安装 IPA-Server 服务器的 FQDN
forwarder	局域网 DNS 服务器地址

安装命令执行之后会进入 IPA-Server 服务安装流程，在安装过程中会让用户设置 IPA-Server 的管理员密码，切记要将密码妥善保存，因为后续还会多次使用到它。

程序首先会将安装日志写入到 /var/log/ipaserver-install.log，并告知整个安装过程会包括六个步骤，分别是配置 CA 证书管理、配置时间服务器、安装并配置 LDAP、安装并配置 KDC、安装 Apache 服务以及配置 DNS 服务。并不是每个步骤都需要我们的参与，安装脚本大部分都是自动进行的。

```
The log file for this installation can be found in /var/log/ipaserver-install.log
==============================================================================
This program will set up the IPA Server.

This includes:
  * Configure a stand-alone CA (dogtag) for certificate management
  * Configure the Network Time Daemon (ntpd)
  * Create and configure an instance of Directory Server
  * Create and configure a Kerberos Key Distribution Center (KDC)
  * Configure Apache (httpd)
  * Configure DNS (bind)

To accept the default shown in brackets, press the Enter key.
```

当看到询问是否要覆盖检测到的 DNS 配置时，输入 yes。

```
Existing BIND configuration detected, overwrite? [no]: yes
Enter the fully qualified domain name of the computer
on which you're setting up server software. Using the form
<hostname>.<domainname>
Example: master.example.com.
```

这里要求输入当前服务器的 FQDN，我们输入 server3.cluster.com。

```
Server host name [server3.cluster.com]:

Certain directory server operations require an administrative user.
This user is referred to as the Directory Manager and has full access
to the Directory for system management tasks and will be added to the
instance of directory server created for IPA.
The password must be at least 8 characters long.
```

然后是设置 LDAP 的管理员密码，密码长度至少为 8 位。

```
Directory Manager password:
Password (confirm):

The IPA server requires an administrative user, named 'admin'.
This user is a regular system account used for IPA server administration.
```

接着设置 IPA 管理员的密码。

```
IPA admin password:
Password (confirm):
```

配置 IPA Master Server 的 Hostname、IP 地址和域。

```
Using reverse zone 10.168.192.in-addr.arpa.

The IPA Master Server will be configured with:
Hostname:       server3.cluster.com
IP address:     192.168.10.12
Domain name:    com.cluster
Realm name:     COM.CLUSTER
```

配置 IPA 域的 DNS 服务。

```
BIND DNS server will be configured to serve IPA domain with:
Forwarders:     192.168.0.1
Reverse zone:   10.168.192.in-addr.arpa.
```

这里输入 yes 以继续配置系统。

```
Continue to configure the system with these values? [no]: yes
```

之后，安装程序就会根据我们的配置开始自动安装各种组件，例如时间同步服务、证书服务、LDAP 服务，等等。

```
The following operations may take some minutes to complete.
Please wait until the prompt is returned.

Configuring NTP daemon (ntpd)
    [1/4]: stopping ntpd
    [2/4]: writing configuration
    [3/4]: configuring ntpd to start on boot
    [4/4]: starting ntpd
Done configuring NTP daemon (ntpd).
Configuring directory server for the CA (pkids): Estimated time 30 seconds
    [1/3]: creating directory server user
    [2/3]: creating directory server instance
    [3/3]: restarting directory server
Done configuring directory server for the CA (pkids).
            中间过程省略……
Setup complete
```

经过一系列的安装与设置之后，IPA-Server 就安装好了。现在可以进入 IPA-Server 附带的 Web UI 管理控制台一探究竟。打开浏览器，输入 https://IPA-Server 服务器地址（80 端口）。输入用户名 admin 和刚才安装过程中设置的密码登录，如图 5-3 所示。

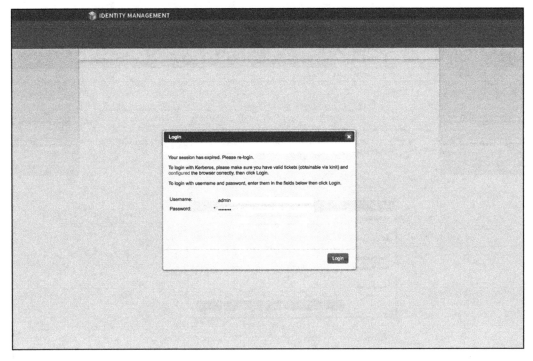

图 5-3　IPA-Server 的 Web UI 管理控制台登录页面

5.2.2　IPA-Server 管理控制台功能介绍

FreeIPA 在整合了 LDAP 和 Kerberos 等众多核心软件包的同时，也提供了 Web UI 管理控制台。接下来会看到它都提供了哪些实用的功能。

1. 用户管理

登入系统之后通过 Identity 分类下的用户菜单能够进入到用户管理页面，通过用户列表能查看到系统内的所有 Kerberos 用户，可以发现经过刚才安装的过程之后，系统已经创建了一个 admin 管理员用户，如图 5-4 所示。除此之外，这里还提供用户的创建、修改和删除功能。单击 Add 按钮打开创建用户的窗口，只需填写必填项之后就能新建一个 Kerberos 用户。注意，在创建 Kerberos 用户的过程中 FreeIPA 还会帮我们同时创建一个完全一致（包括用户名和密码）的 LDAP 用户和 Linux 用户（所有的注册服务器都会创建），并能保证用户数据的事务一致性。

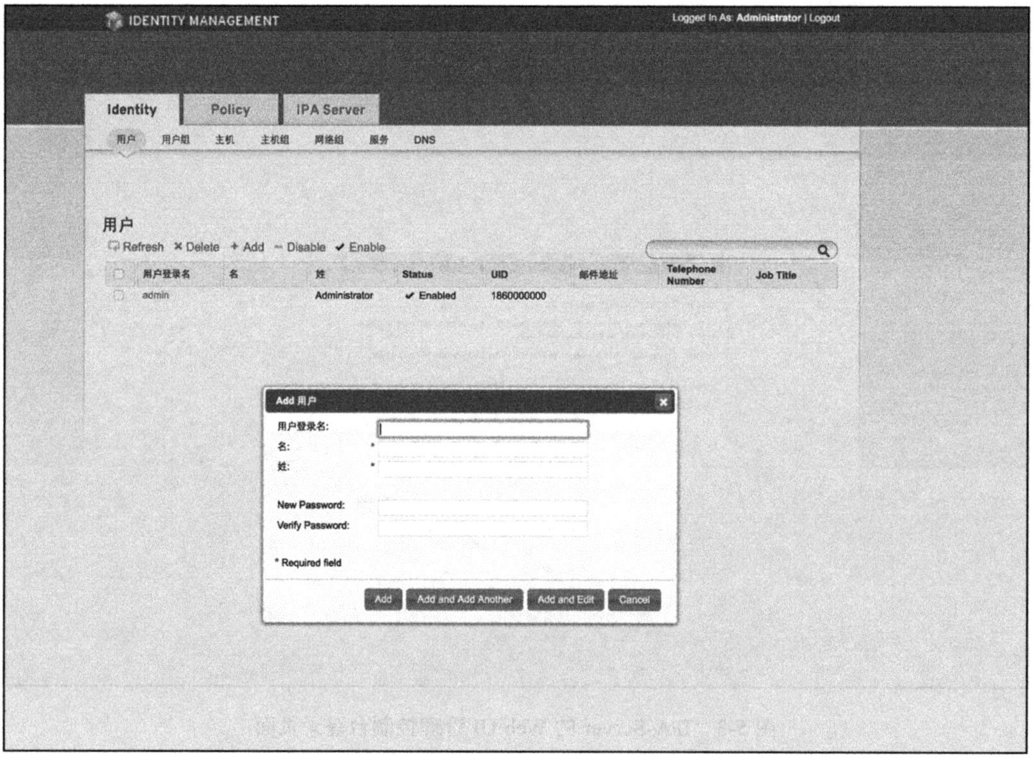

图 5-4　创建 Kerberos 用户的页面

2. 主机管理

在 Identity 分类下单击主机菜单能够进入到主机管理页面，通过主机列表可以查看到所有向 IPA-Server 注册过的服务器。除此之外，这里也提供主机的注册和删除功能。单击 Add 按钮打开注册主机的窗口，只需填写必填项之后就能注册一个新的主机，如图 5-5 所示。注意，在创建主机的过程中 FreeIPA 同时也会将这台主机的信息注册到它的 DNS 服务之中。

3. 服务管理

通过 Identity 分类下的服务菜单能够进入到服务管理页面，这里能够维护所有通过 IPA-Server 创建的服务。可以看到经过刚才安装 IPA-Server 的过程后，FreeIPA 已经创建了 DNS、HTTP 和 LDAP 等多个服务，如图 5-6 所示。

第 5 章　Hadoop 服务安全方案　　121

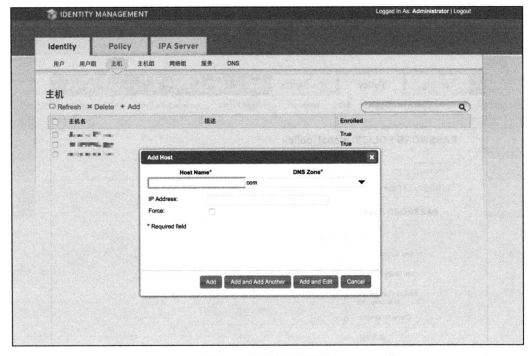

图 5-5　注册主机的页面

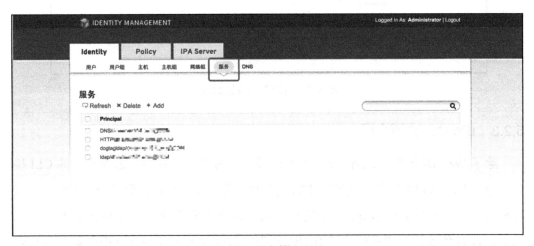

图 5-6　服务管理页面

4. 密码策略

通过 Policy 分类下的 Password Policies 菜单能够进入到密码策略设置页面，这里能够维护全局的密码策略配置，例如密码的最小长度、失效时间和允许的错误密码登录次数等，如图 5-7 所示。

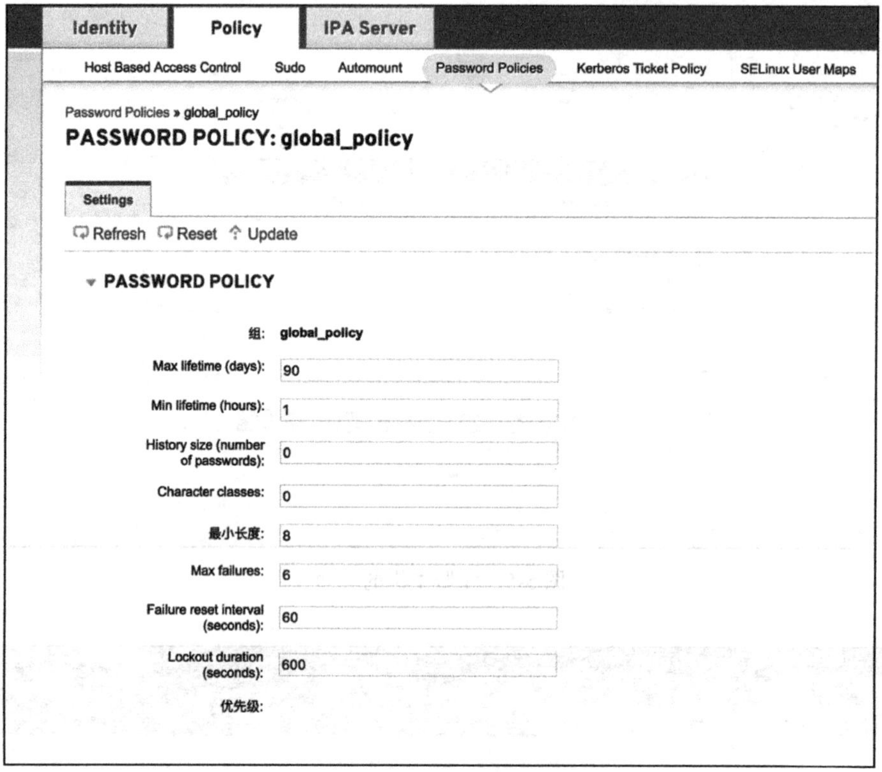

图 5-7　密码策略设置页面

5.2.3　IPA CLI 功能介绍

除了 Web UI 控制台之外，FreeIPA 还提供了另外一种利器，那就是它的 CLI 接口。通过 CLI 接口我们即可完成对 IPA 的管理工作。IPA 的 CLI 登录分为远程和本地两种模式，远程登录通过 ipa 命令进行，执行此命令需要服务器安装 ipa-admintools 工具，远程登录的方式适用于拥有 IPA 管理权限但没有 IPA-Server 服务器登录权限的使用场景；而本地登录则通过 kadmin.local 命令进行，此命令只能在 IPA-Server 所在的服务器上执行，本地登录的方式适用于直接拥有 IPA-Server 登录权限的使用场景。接下来会通过一个简单示例来演示如何通过 CLI 创建用户。

1. 使用远程登录

通过 SSH 登入安装了 ipa-admintools 工具的服务器，使用 kinit 命令登入 Kerberos 管理员用户（安装 IPA-Server 时设置的管理员密码）。

```
kinit admin
Password for admin@TESTCLUSTER.COM:
```

执行 ipa 命令可以查看命令列表，如下所示。

```
ipa
Usage: ipa [global-options] COMMAND ...

Built-in commands:
Help subtopics:
    console         Start the IPA interactive Python console.
Help subtopics:
    help            Display help for a command or topic.
Help subtopics:
    show-mappings   Show mapping of LDAP attributes to command-line option.

Help topics:
    automember      Auto Membership Rule.
    automount       Automount
    cert            IPA certificate operations
    config          Server configuration
    delegation      Group to Group Delegation
    dns             Domain Name System (DNS)
    group           Groups of users
    hbac            Host-based access control commands
    hbactest        Simulate use of Host-based access controls
    host            Hosts/Machines
    hostgroup       Groups of hosts.
    idrange         ID ranges
……
```

其中比较常用的命令如表 5-3 所示。

表 5-3　常用的 IPA 命令

名称	说明
dns	dns 服务命令，可以新增、修改、删除和查询 dns 数据
group	用户组命令，可以新增、修改、删除和查询用户组
host	主机命令，可以新增、修改、删除和查询 IPA 的注册主机
user	用户命令，可以新增、修改、删除和查询 Kerberos 用户
password	密码命令，可以重置用户密码

2. 创建用户

现在使用 IPA 的 user 命令新建一个名为 nauutest1 的 Kerberos 用户，执行 ipa user-add 创建命令。与命令一齐顺带传入用户的 first 和 last 名称。

```
ipa user-add nauutest1 --first=nauutest1 --last=nauutest1 -password
```

在按要求输入该用户的登录密码之后，会根据填写的参数进入自动创建流程。

```
Password:
Enter Password again to verify:
---------------------
Added user "nauutest1"
---------------------
  User login: nauutest1
  First name: nauutest1
  Last name: nauutest1
  Full name: nauutest1 nauutest1
  Display name: nauutest1 nauutest1
  Initials: nn
  Home directory: /home/nauutest1
  GECOS field: nauutest1 nauutest1
  Login shell: /bin/sh
  Kerberos principal: nauutest1@COM
  Email address: nauutest1@test.com
  UID: 1860000042
  GID: 1860000042
  Password: True
  Kerberos keys available: True
```

用户创建好了之后，再次使用 kinit 命令登录刚刚建好的用户。可以发现系统会提示密码过期，需要修改密码。这是因为默认的密码策略会要求新建的用户在第一次登录的时候进行修改密码操作，现在修改密码。

```
kinit nauutest1
Password for nauutest1@COM:
Password expired.  You must change it now.
Enter new password:
Enter it again:
```

修改密码之后再次登录，通过 klist 命令可以看到用户已经登录成功了。

```
klist
Ticket cache: FILE:/tmp/krb5cc_0
Default principal: nauutest1@COM

Valid starting       Expires              Service principal
```

为了验证用户，还可以进入 IPA 的 Web UI 控制台，可以发现用户管理页面也能查询到刚才新建的 nauutest1 用户了，如图 5-8 所示。

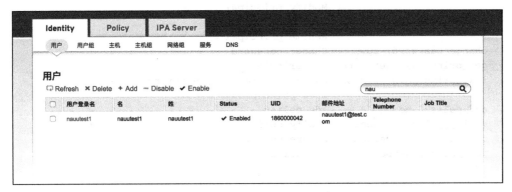

图 5-8　通过用户管理页面查看新建的用户

3. 使用本地登录

使用 SSH 登入 IPA-Server 所在的服务器，使用 kinit 命令登入 Kerberos 管理员用户。

```
kinit admin
Password for admin@TESTCLUSTER.COM:
```

登入之后，可以使用 klist 命令查看当前登录会话信息，信息显示当前登录的 admin 用户。

```
klist
Ticket cache: FILE:/tmp/krb5cc_0
Default principal: admin@TESTCLUSTER.COM

Valid starting       Expires             Service principal
```

接着使用 kadmin.local 命令进入本地管理员模式。

```
Authenticating as principal admin/admin@TESTCLUSTER.COM with password.
kadmin.local:
```

输入"?"可以查看命令列表。

```
kadmin.local:  ?
Available kadmin.local requests:

add_principal, addprinc, ank
```

```
                        Add principal
delete_principal, delprinc
                        Delete principal
modify_principal, modprinc
                        Modify principal
rename_principal, renprinc
                        Rename principal
change_password, cpw    Change password
get_principal, getprinc Get principal
list_principals, listprincs, get_principals, getprincs
                        List principals
add_policy, addpol      Add policy
modify_policy, modpol   Modify policy
delete_policy, delpol   Delete policy
get_policy, getpol      Get policy

..................

quit, exit, q           Exit program.
```

比较常用的命令如表 5-4 所示。

表 5-4 常用的 kadmin.local 命令

名称	说明
addprinc	新增一个用户
modprinc	修改用户信息
listprincs	查询所有的用户
xst	生成用户的 keytab 文件
cpw	重置用户密码

4. 创建 keytab 文件

除了使用明文密码登录之外，Kerberos 还允许使用 keytab 密码文件登录。现在为 nauutest1 用户创建它的 keytab 文件，执行 kadmin.local 的 xst 命令为其创建。

```
kadmin.local:   xst -norandkey -k /test/nauutest1.keytab nauutest1@COM
Entry for principal nauutest1@COM with kvno 2, encryption type aes256-cts-hmac-
    sha1-96 added to keytab WRFILE:/test/nauutest1.keytab.
Entry for principal nauutest1@COM with kvno 2, encryption type aes128-cts-hmac-
    sha1-96 added to keytab WRFILE:/test/nauutest1.keytab.
Entry for principal nauutest1@COM with kvno 2, encryption type des3-cbc-sha1 added
    to keytab WRFILE:/test/nauutest1.keytab.
Entry for principal nauutest1@COM with kvno 2, encryption type arcfour-hmac added
    to keytab WRFILE:/test/nauutest1.keytab.
```

就这样，在 /test 目录下创建好了一个名为 nauutest1 的 keytab 文件。记得执行 kinit -kt 命令通过此 keytab 文件登录。

```
kinit -kt /test/nauutest1.keytab nauutest1
[root@dc-server151 ~]# klist
Ticket cache: FILE:/tmp/krb5cc_0
Default principal: nauutest1@COM

Valid starting       Expires            Service principal
```

和使用明文密码一样，使用 keytab 密码文件也能完成登录动作，并且使用这种方式更加安全。

5.3 开启 Ambari 的 Kerberos 安全选项

在完成 IPA-Server 服务的安装之后，我们已经了解了它提供的基础功能和服务，领略了其 Web 控制台和 CLI 接口的便利性，但是这些特性好像并没有提升平台的安全性啊。别着急，因为 IPA-Server 只是提供了诸如 LDAP 和 Kerberos 等重要的基础设施，只有将 IPA 与 Ambari 进行集成才能完全显出它的神威。

5.3.1 集成前的准备

为了让 Hadoop 相关的服务切换到 Kerberos 认证模式，需要将 Ambari 与 FreeIPA 集成。在正式集成之前需要做一些准备工作，大致思路如下：首先需要在 IPA 中新增一个 ambari 组，专门用于管理 ambari 的相关操作，接着需要在所有的集群服务器上安装 IPA-Client 程序，最后需要在 Ambari-Server 所在的服务器安装 IPA-Admin 管理端工具。接下来开始介绍具体如何实施。

1. 新建 Ambari 组

首先，在 Ambari-Server 所在的服务器上使用 Kerberos 命令登录 admin 账户。

```
kinit admin
Password for admin@CLUSTER.COM:
```

登录之后，通过之前介绍过的远程登录的方式执行 ipa group-add 命令，新建一个名为 ambari-managed-principals 的组。

```
ipa group-add ambari-managed-principals
Description: ambari managed
----------------------------------------
Added group "ambari-managed-principals"
----------------------------------------
    Group name: ambari-managed-principals
    Description: ambari managed
    GID: 1860000003
```

2. 安装 IPA-Client

现在开始安装 IPA-Client，首先执行 yum install 命令安装客户端工具。

```
yum -y install ipa-client
```

安装完毕之后就可以执行 ipa-client 的相关命令了，执行 ipa-client-install 命令安装客户端程序。在安装的过程中会将其所在的服务器向 IPA-Server 的主机服务注册并加入到 IPA 域，同时也会向 DNS 服务注册。

```
ipa-client-install --domain=com.cluster ¥
    --server= server3.cluster.com ¥
    --realm=COM.CLUSTER ¥
    --principal=admin@COM.CLUSTER ¥
    --enable-dns-updates
```

ipa-client-install 的命令末尾也附带了一些参数，这些参数与执行 ipa-server-install 时输入的参数遥相呼应，重点配置项说明如表 5-5 所示。

表 5-5　重点配置项说明（二）

配置项	说明
domain	IPA-Server 安装时设置的域
server	IPA-Server 服务器的 FQDN
realm	IPA-Server 安装时设置的认证管理域
principal	IPA-Server 安装时设置的管理员账号

> 注意　IPA-Client 服务需要在所有集群服务器进行安装，重复此小节的安装动作，直到所有的集群服务器节点都安装完成。

3. 安装 IPA-Admin 管理工具

如果一个 Ambari 系统与 IPA 完成了集成，那么通过 Ambari 管理的服务器都会被自动的注册成 IPA 的主机。不仅如此，Ambari 内建的集群用户同样也会在 IPA 中创建相应的 Kerberos 用户，Ambari 内所有已安装的 Hadoop 组件也都会在 IPA 中生成相应组件的服务。Ambari 这种高度自动化的集成能力便是依靠 IPA 提供的 IPA-Admin 工具在背后默默完成的。

所以还需要为 Ambari 安装这套管理工具，安装的方式非常简单，执行 yum -y install ipa-admintools 命令即可。

5.3.2　集成 IPA

前置准备动作全部完成之后，打开浏览器进入 Ambari 的 Admin 菜单，可以发现目前 Kerberos 认证功能是处于关闭状态的，单击绿色 Kerberos 按钮进入开启 Kerberos 的设置导航页面，如图 5-9 所示。

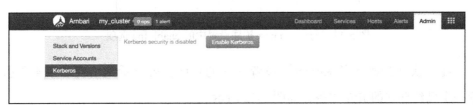

图 5-9　开启 Kerberos 设置的页面

在导航页面右侧的设置页面可以发现目前 Ambari 提供了三个 KDC 配置选项，它们分别是集成 MIT KDC、AD 域和手动创建，如图 5-10 所示。

怎么回事？这里竟然没有发现 IPA 选项的身影，那还怎么集成呢？别着急，这是因为 Ambari2.4 版本在默认的情况下，IPA 集成选项是一个隐藏配置，需要先将其开启才能使用。

1. 开启 IPA 集成选项

打开浏览器在 ambari 地址末尾加上 experimental，例如 http://ambari 地址 /#/experimental。输入之后会来到一个扩展设置页面，找到名为 enableIpa 的选项，勾选然后保存，如图 5-11 所示。

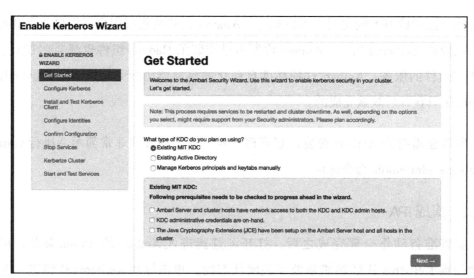

图 5-10　Ambari 的 Kerberos 集成选项中没有 IPA

图 5-11　勾选 Ambari 扩展设置中的 enableIpa 选项

现在再次回到刚才的 Kerberos 设置向导的页面，可以看到出现了第 4 个选项，集成一个已经存在的 IPA 服务，如图 5-12 所示。

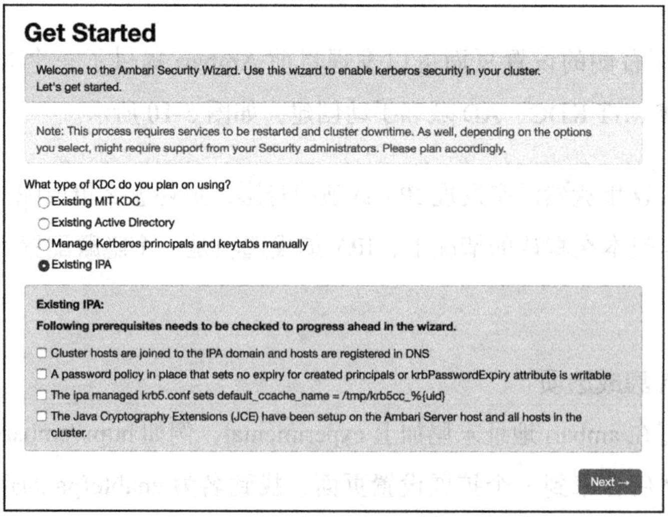

图 5-12　开启扩展配置之后，多出了一个 IPA 选项

2. 确认检查项

选择 Existing IPA 选项之后，会出现 4 个确认检查项。这里主要关注第 1 个和第 4 个检查项。

- 集群的服务都已经加入 IPA 域并已在 DNS 注册（这一前置条件已经在安装 IPA-Client 小节达成了）。
- 确保所有服务器已经安装了 JCE 安全策略（这一前置条件已经在扩展密钥长度小节达成了）。

确认无误后，点击绿色按钮继续。

3. 设置 Kerberos 信息

现在开始设置 Kerberos 的配置信息，按照安装 IPA-Server 时设置的信息填写 KDC 地址、管理员账号和 Realm 等信息，如图 5-13 所示。填写完毕之后可以使用 Test KDC Connection 按钮验证配置是否正确，正确无误之后单击绿色按钮继续。

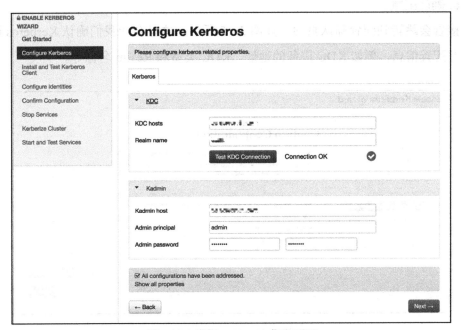

图 5-13　配置 Kerberos 信息页面

4. 安装和测试 Kerberos 客户端

在设置完 Kerberos 信息之后，Ambari 便会开始给所有被它管控的服务器节点安装 Kerberos 客户端程序并进行一些环境测试工作，如图 5-14 所示。安装并测试通过之后单击绿色按钮继续。

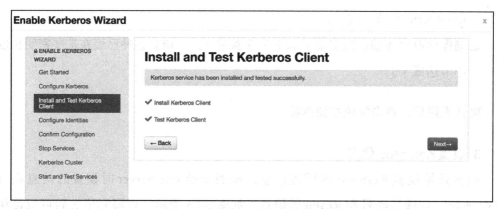

图 5-14　安装和测试 Kerberos 客户端

5. 确认配置

接着会跳转到配置确认页面，如图 5-15 所示。这里会让我们确认 Kerberos 服务的一些配置信息，例如 KDC 服务的地址、KDC 类型和 Realm 名称等。

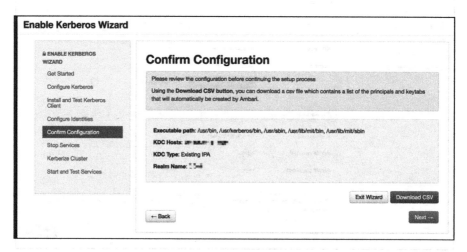

图 5-15　确认配置页面

除此之外，这里还有一项非常重要的资料需要我们存档。单击蓝色的 Download CSV 按钮可以下载一份名为 kerberos.csv 的配置文件。请妥善保存这个 CSV 文件，因为它记录了 Ambari 与 IPA 集成后 Ambari 为其 Hadoop 相关服务生成的所有 Kerberos 账号信息，包括用户名、类型和 keytab 文件路径等重要信息，如图 5-16 所示。

在确认配置步骤完成之后，还会历经 Stop Services、Kerberize Cluster 和 Start and Test Services 三个步骤，这些步骤十分简单，只需按照提示简单配置就能完成开启 Kerberos 的剩余工作了。

B	C	D	E	F	G	H	I	J	K
description	principal nar	principal typ	local usernai	keytab file p	keytab file o	keytab file o	keytab file g	keytab file g	keytab file m
/spnego	HTTP/dc-sei	SERVICE		/etc/security	root	r	hadoop	r	440
/spnego	HTTP/dc-sei	SERVICE		/etc/security	root	r	hadoop	r	440
/smokeuser	ambari-qa-r	USER	ambari-qa	/etc/security	ambari-qa	r	hadoop	r	440
/smokeuser	ambari-qa-r	USER	ambari-qa	/etc/security	ambari-qa	r	hadoop	r	440
ambari-serv	ambari-serv	USER		/etc/security/keytabs/ambari.server.keytab					0
ams_collecto	amshbase/d	SERVICE	ams	/etc/security	ams	r	hadoop		400
ams_hbase_	amshbase/d	SERVICE	ams	/etc/security	ams	r	hadoop		400
ams_hbase_	amshbase/d	SERVICE	ams	/etc/security	ams	r	hadoop		400
ams_zookee	amszk/dc-se	SERVICE	ams	/etc/security	ams	r	hadoop		400
datanode_d	dn/dc-serve	SERVICE	hdfs	/etc/security	hdfs	r	hadoop		400
falcon_serve	falcon/dc-se	SERVICE	falcon	/etc/security	falcon	r	hadoop		400
hbase	hbase-my_c	USER	hbase	/etc/security	hbase	r	hadoop	r	440
hbase	hbase-my_c	USER	hbase	/etc/security	hbase	r	hadoop	r	440
hbase_maste	hbase/dc-se	SERVICE	hbase	/etc/security	hbase	r	hadoop		400
hbase_regio	hbase/dc-se	SERVICE	hbase	/etc/security	hbase	r	hadoop		400
hdfs	hdfs-my_clu	USER	hdfs	/etc/security	hdfs	r	hadoop	r	440
/HDFS/NAM	hdfs-my_clu	USER	hdfs	/etc/security	hdfs	r	hadoop	r	440
hive_server	hive/dc-serv	SERVICE	hive	/etc/security	hive	r	hadoop	r	440

图 5-16 Kerberos 配置信息

待集成向导的全部步骤完成之后，再次回到 Ambari 的 Admin 页面，可以发现 Kerberos 的安全选项已经处于开启状态了，如图 5-17 所示。

5.3.3 测试 Kerberos 认证

从 Ambari 系统的显示上来看，它和 IPA 的集成已经配置成功了，那么 Kerberos 认证是真的一同生效了吗？现在就来测试一下吧。

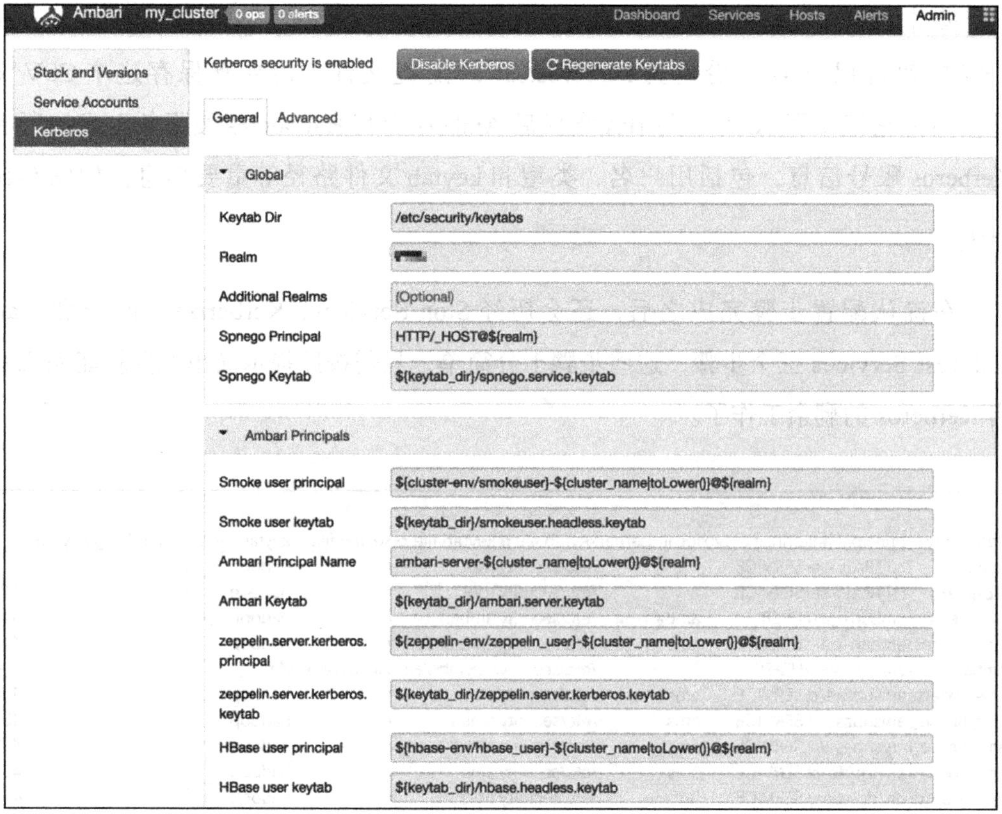

图 5-17　Kerberos 安全选项已经开启

还是以 HDFS 为例，首先通过 ssh 登录到安装了 HDFS 客户端的任意服务器，然后切换到 ranger 用户。不知道大家是否还记得这个 Linux 本地用户呢？此用户在第 4 章验证 Ranger 授权时有使用过，当时为了验证 Ranger 是否有效，给它赋予了 HDFS 根目录的读、写权限。现在再次使用 ranger 用户执行 HDFS 的 ls 查询命令。

```
hdfs dfs -ls /

17/03/09 13:11:10 WARN ipc.Client: Exception encountered while connecting to the
    server :
javax.security.sasl.SaslException: GSS initiate failed [Caused by GSSException:
    No valid credentials provided (Mechanism level: Failed to find any Kerberos
    tgt)]
    at
        com.sun.security.sasl.gsskerb.GssKrb5Client.evaluateChallenge
        (GssKrb5Client.java:212)
```

结果并没有返回任何查询数据，而是发生了异常错误，这是怎么回事呢？Ranger 用户明明是有权限的呀？别着急，我们来分析一下异常信息。从异常中可以看到

No valid credentials provided(Mechanism level: Failed to find any Kerberos tgt) 这样一条错误信息，表明当前操作请求找不到任何 Kerberos 的 tgt 凭证。这么一来报错原因就很明显了，这是由于 HDFS 服务现在已经开始使用 Kerberos 协议进行权限验证，所以使用 Linux 本地用户已经不能操作 Hadoop 集群中的任何服务了。现在必须使用 Kerberos 用户登录之后才能使用相关服务，这能证明 Hadoop 相关服务的 Kerberos 认证也已经生效了。

现在转为使用 Kerberos 用户登录，打开在集成 IPA 步骤中下载的 kerberos.csv 文件并找到 HDFS 服务对应的 Kerberos 用户和它的 keytab 保存路径等相关信息，然后执行 kinit -kt 命令通过 keytab 的方式登录用户。

```
kinit -kt /etc/security/keytabs/hdfs.headless.keytab  hdfs-my_cluster@CLUSTER.
    COM
```

登录之后再次执行 HDFS 的 ls 查询命令。

```
hdfs dfs -ls /

Found 11 items
drwxrwxrwx   - yarn    hadoop          0 2017-03-08 12:27 /app-logs
drwxr-xr-x   - hdfs    hdfs            0 2017-03-06 14:48 /apps
drwxr-xr-x   - yarn    hadoop          0 2017-03-02 17:31 /ats
drwxr-xr-x   - hdfs    hdfs            0 2017-03-02 17:32 /hdp
drwxr-xr-x   - mapred  hdfs            0 2017-03-02 17:32 /mapred
drwxrwxrwx   - mapred  hadoop          0 2017-03-02 17:32 /mr-history
drwxr-xr-x   - hdfs    hdfs            0 2017-03-06 16:20 /ranger
drwxrwxrwx   - spark   hadoop          0 2017-03-09 13:15 /spark-history
drwxr-xr-x   - ranger  hdfs            0 2017-03-06 17:24 /test1
drwxrwxrwx   - hdfs    hdfs            0 2017-03-08 12:30 /tmp
drwxr-xr-x   - hdfs    hdfs            0 2017-03-06 17:17 /user
```

这一次终于可以正常返回数据了，一切也都符合设定的预期。将 Ambari 与 IPA 集成之后，大数据平台中所有的 Hadoop 相关服务都已经切换到使用 Kerberos 认证了。由此，Hadoop 相关服务的安全隐患问题终于被彻底消除。

5.4 本章小结

通过本章的介绍，我们知道了 Kerberos 这样一个网络安全框架协议，通过集成 Kerberos 便能够保障平台中的 Hadoop 服务。然而手动安装与维护一套实现了 Kerberos 协议的安全服务十分烦琐，所以可以借助 FreeIPA 来解决这个问题。

FreeIPA 是一个集成的安全信息管理解决方案。它整合了 LDAP、Kerberos、NTP、Bind、Apache 和 Tomcat 等核心软件包，我们只需要安装 FreeIPA，就意味着完成了所有基础设施软件的安装。不仅如此，FreeIPA 还提供了一个可视化的 Web 控制台和 IPA CLI 接口，对用户、主机等管理功能进行了高层次的封装。在安装 FreeIPA 之前，一定要注意修改 JRE 的安全策略以适应 256 位的 AES 加密算法。

在 Ambari 与 IPA 集成的时候，切记要先打开 Ambari 的扩展选项，才能够在 Kerberos 的集成菜单中看到 IPA 的集成选项。

在经过一系列的集成配置之后，现在 Hadoop 服务已经处于 Kerberos 协议的保护之下了，但是系统目前还没有处于完美状态，在下一章中，会介绍如何解决系统的其他遗留问题，以及进一步提升平台易用性的方法。

第 6 章 Chapter 6

单点登录与用户管理

讲到这里，大数据平台可以说已经小有所成了，在通过一系列的安装配置之后，已经成功搭建起了一套 Hadoop 集群，它包括 HDFS、Hive、Spark、HBase 和 YARN 等主流技术组件，并且各个组件之间也已经相互集成。与此同时，通过使用 Knox 网关和 LDAP 服务，实现了对基于 HTTP 协议的 RESTful 服务和 Web UI 管理控制台的访问控制功能；通过使用 Ranger 服务，实现了对数据资源的授权以及多种操作的审计功能；而通过 Ambari 与 IPA 的集成，还实现了使用 Kerberos 协议保障 Hadoop 服务的安全。目前大数据平台相关服务的安全性相比初始状态也已经有了明显的提升，但是我们还不能就此停住脚步，因为平台还是不够完善。之前的安全方案可谓说是用头疼医头脚疼医脚的方式在解决问题，它们虽然都能解决相应单个问题的症状，但是如果把这些方案都放在一起，就发现又会产生一些新的问题，例如：

1）**多个系统需要登录**：首先，通过 Knox 代理网关访问相关服务页面的时候是需要登录认证的，其次在使用 Ranger 进行数据授权的时候也需要通过它的 Web UI 管理控制台登录，再加上 Ambari 的 Web UI 管理控制台，现在大数据平台至少有三套独立的系统需要用户登录，如图 6-1 所示。用户会面对多次登录的困扰，这无疑会严重降低平台的易用性和可用性。

2）存在多套用户：Knox 代理网关使用的是 IPA 附带的 LDAP 服务中存储的用户，而 Ranger 使用的则是从 Hadoop 集群中同步过来的扩展用户，这些用户存储在 Ranger 自己的关系型数据库中。还有来自 Ambari 的内部用户，这些用户也存储在 Ambari 自己的关系型数据库中。除此之外还有 Hadoop 集群服务的用户，这些用户都是各自服务器的 Linux 本地用户。大数据平台至少拥有四套独立的用户存储，这无疑会对平台的运维和使用造成不小的难题，如图 6-2 所示。

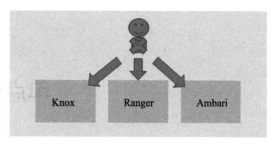

图 6-1　大数据平台的用户需要在三个系统之间多次登录

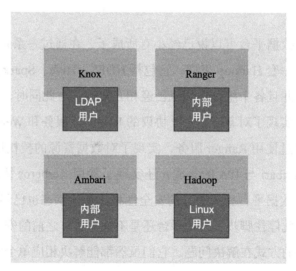

图 6-2　大数据平台拥有四套独立的用户存储

不去解决上述问题，平台仍然是可用的，因为它们并不会影响到平台提供的基本能力和安全性。这些问题不致命，但却会严重影响大数据平台的易用性和可用性，降低用户体验并增加维护成本。在这些难题没有解决之前，大数据平台只能称之为可用，而不能称之为好用。在接下来的篇幅中，会开始介绍如何解决这些难题。

6.1 集成单点登录

首先，我们来分析一下多套系统登录的问题，如图 6-1 所示，目前在大数据平台中存在三大系统，它们分别是 Knox、Ranger 和 Ambari。这其中，Knox 代理着各种 Hadoop 组件原生 Web UI 和 RESTful 服务。Ranger 提供了权限的分配与管理，而 Ambari 则管理着集群的方方面面。

这三大系统都有一个共同的特点，那就是它们使用的都是 HTTP 协议。可以看出，这是一个典型的涉及单点登录的问题。通过集成一个基于 HTTP 协议的单点登录系统就能解决这个问题，此处的难点在于如何将这些子系统集成进单点登录系统的体系中去。

现在有一个集成的大致思路：

1）首先需要引入一个单点登录系统，这里选择使用 CAS。

2）接着将 Knox 代理网关与 CAS 集成，这样在访问 Knox 网关代理的各种 Web UI 和 RESTful 服务的时候，所有的服务请求都会被统一的重定向到 CAS 系统的登录页面进行认证。

3）然后再去设置 Ranger 和 Ambari 的登录策略，让这两个系统委托 Knox 代理网关的认证服务进行登录验证。因为在第 2 个步骤中，已经将 Knox 代理网关与 CAS 进行了集成，所以 Ranger 和 Ambari 以 Knox 代理为桥梁间接实现了与 CAS 的集成。当用户访问 Ranger 或是 Ambari 的 Web 管理控制台时，都会被重定向到 CAS 的登录页面进行登录验证。

4）最后将 CAS 的认证方式指向 IPA 附带的 LDAP 服务，这样一来用户可以直接使用 Kerberos 用户进行登录。这是为什么呢？还记得在介绍 IPA 中用户管理的特性吗？通过 IPA 创建一个 Kerberos 用户的时候，它会自动在 LDAP 服务中创建一个完全一样的用户，包括用户名和密码。

至此，Knox、Ranger 和 Ambari 都被集成到 CAS，成为单点登录系统中的客户端程序。在用户访问这些使用 HTTP 协议的系统时，请求都会被统一拦截并重定向到 CAS 系统的登录页面进行单点登录，在任意系统登录之后都可以免登陆直接进入到其他系统，整个结构如图 6-3 所示。

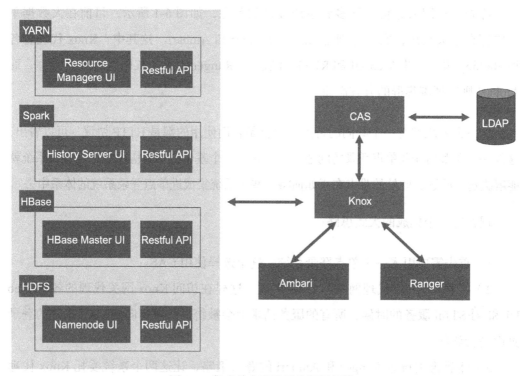

图 6-3　集成单点登录后的逻辑架构

各系统通过 Knox 代理网关这样一个中间桥梁服务与 CAS 单点登录服务集成，以实现单点登录功能。

6.1.1　CAS 简介

CAS（Central Authentication Service）是一款十分流行的单点登录框架。单点登录（Single Sign On，SSO）是服务于企业业务整合的解决方案之一，SSO 使得在多个应用系统中，用户只需要登录一次就可以访问所有相互信任的应用系统。

CAS 从架构上分为 CAS Server 和 CAS Client 两个部分，CAS Server 是统一的认证服务器，所有未经授权的请求都会重定向到这里进行认证。而 CAS Client 则代表需要通过 CAS Server 进行认证的应用服务。

CAS 的整个认证流程如图 6-4 所示，CAS Client 与受保护的客户端应用部署在一起，以 Filter（过滤器）的形式保护受保护的资源。对于访问受保护资源的每个 Web 请求，CAS Client 会分析这些 HTTP 请求中是否包含 Service Ticket，如果没有，则说明当前用户尚未登录，于是将请求重定向到指定好的 CAS Server 登录地址，并传递 Service 地址（也就是要访问的目的资源地址），以便登录成功过后转回该地址（第 1，2 步）。用户在第 3 步中输入认证信息，如果登录成功，CAS Server 随机产生一个长度相等且唯一、不可伪造的 Service Ticket，之后系统自动重定向到 Service 所在地址，并为客户端浏览器设置一个 Ticket Granted Cookie（TGC），CAS Client 在拿到 Service 地址和新产生的 Ticket 之后，在第 5 步和第 6 步中与 CAS Server 进行身份校验，以确保 Service Ticket 的合法性。

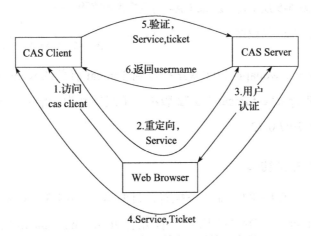

图 6-4　CAS 服务的单点登录认证流程

在该协议中，所有与 CAS 的交互均采用 SSL 协议，确保 ST 和 TGC 的安全性。协议工作过程中会有两次重定向的过程，但是 CAS Client 与 CAS Server 之间进行 Ticket 验证的过程对于用户是透明的。

6.1.2　安装 CAS-Server

1. 下载安装包

首先下载 CAS 的程序包，我们使用 CAS 4.0 版本进行安装，程序下载地址是

https：//github.com/apereo/cas/releases/tag/v4.0.0。下载之后会得到一个名为 cas-server-4.0.0-release.zip 的压缩包，请确保将其解压到 Ambari-Server 所在的服务器上，目录任意。这么做的原因是因为在集成单点登录的时候，Ranger、Ambari-Server、Knox Gatway 和 CAS-Server 需要安装在同一台服务器上。使用 unzip 命令对其解压，解压之后会生成一个文件夹。进入到 modules 目录下找到一个名为 cas-server-webapp-4.0.0.war 的文件，这就是 CAS-Server 程序，如图 6-5 所示。原来 CA-Server 其实是一个 War 包程序。

图 6-5　CAS-Server 工程目录

接着将 cas-server-webapp-4.0.0.war 拷贝到 Tomcat 服务的 webapps 目录下就可以了。这里使用的是 apache-tomcat-7.0.72 版本，下载地址为 http：//archive.apache.org/dist/tomcat/tomcat-7/v7.0.72/。

2. 配置 LDAP 认证策略

接下来需要设置 CAS 的认证服务配置，目的是让 CAS-Server 在进行登录认证的时候使用 IPA-Server 中 LDAP 的用户。首先打开 apache-tomcat-7.0.72/webapps/cas/WEB-INF/ 目录下的 deployerConfigContext.xml 配置文件，将 CAS-Server 默认的简单认证策略注释掉，然后添加 LDAP 的认证策略配置，配置文件内容如下所示。

代码清单 6-1　deployerConfigContext.xml 文件

```
<bean id="authenticationManager" class="org.jasig.cas.authentication.PolicyBas
    edAuthenticationManager">
    <constructor-arg>
        <map>
            <!--
            | IMPORTANT
            | Every handler requires a unique name.
```

```
        | If more than one instance of the same handler class is configured,
          you must explicitly
        | set its name to something other than its default name (typically
          the simple class name).
        -->
        <entry key-ref="proxyAuthenticationHandler" value-ref= "proxyPrin
            cipalResolver" />
```

CAS 是通过 Java 的 Spring 框架实现的用户认证。authenticationManager 是 CAS 配置的 Spring Bean 对象，用来声明其认证策略。我们使用 ldapAuthHandler 替换原有的 primaryAuthenticationHandler 对象。

```
<!-- <entry key-ref="primaryAuthenticationHandler" value-ref="primaryPrincipal-
    Resolver" /> -->
                <entry key-ref="ldapAuthHandler" value-ref="primaryPrincipalResolver"/>
            </map>
        </constructor-arg>

        <property name="authenticationPolicy">
            <bean class="org.jasig.cas.authentication.AnyAuthenticationPolicy" />
        </property>
    </bean>

    <!-- <bean id="primaryAuthenticationHandler"
class="org.jasig.cas.authentication.AcceptUsersAuthenticationHandler">
        <property name="users">
            <map>
                <entry key="casuser" value="Mellon"/>
            </map>
        </property>
    </bean>-->
```

接着开始配置 LDAP 认证策略的相关配置，首先声明使用 LDAP 进行登录验证的 ldapAuthHandler Bean 对象，然后配置 sn 属性映射成用户名并注入 authenticator 认证对象。

```
<!--LDAP 认证策略开始 -->
    <bean id="ldapAuthHandler"
        class="org.jasig.cas.authentication.LdapAuthenticationHandler"
        p:principalIdAttribute="sn"
        c:authenticator-ref="authenticator">
    <property name="principalAttributeMap">
        <map>
            <entry key="sn" value="sn" />
```

```xml
            <entry key="displayName" value="sn" />
        </map>
    </property>
</bean>
```

authenticator 对象负责具体的认证工作,它内部又通过 Spring 的依赖注入持有了 dnResolver 和 authHandler 两个对象。

```xml
<bean id="authenticator" class="org.ldaptive.auth.Authenticator"
c:resolver-ref="dnResolver"
c:handler-ref="authHandler" />
```

dnResolver 对象定义了 LDAP 域的搜索范围和查询条件。

```xml
<bean id="dnResolver" class="org.ldaptive.auth.PooledSearchDnResolver"
    p:baseDn="${ldap.authn.baseDn}"
    p:subtreeSearch="true"
    p:allowMultipleDns="false"
    p:connectionFactory-ref="searchPooledLdapConnectionFactory"
    p:userFilter="${ldap.authn.searchFilter}" />
```

而 authHandler 则代理具体的认证事宜。

```xml
<bean id="authHandler" class="org.ldaptive.auth.PooledBindAuthenticationHandler"
    p:connectionFactory-ref="bindPooledLdapConnectionFactory" />
```

接下来是连接池的相关配置——Bean 对象。

```xml
<bean id="searchPooledLdapConnectionFactory"
        class="org.ldaptive.pool.PooledConnectionFactory"
        p:connectionPool-ref="searchConnectionPool" />

<bean id="searchConnectionPool" parent="abstractConnectionPool"
        p:connectionFactory-ref="searchConnectionFactory" />

<bean id="searchConnectionFactory"
        class="org.ldaptive.DefaultConnectionFactory"
        p:connectionConfig-ref="searchConnectionConfig" />

<bean id="searchConnectionConfig" parent="abstractConnectionConfig"
        p:connectionInitializer-ref="bindConnectionInitializer" />

<bean id="bindConnectionInitializer"
        class="org.ldaptive.BindConnectionInitializer"
        p:bindDn="${ldap.authn.managerDN}">
    <property name="bindCredential">
        <bean class="org.ldaptive.Credential"
```

```xml
                    c:password="${ldap.authn.managerPassword}" />
        </property>
</bean>

<bean id="abstractConnectionPool" abstract="true"
        class="org.ldaptive.pool.BlockingConnectionPool"
        init-method="initialize"
        destroy-method="close"
        p:poolConfig-ref="ldapPoolConfig"
        p:blockWaitTime="${ldap.pool.blockWaitTime}"
        p:validator-ref="searchValidator"
        p:pruneStrategy-ref="pruneStrategy" />

<bean id="abstractConnectionConfig" abstract="true"
        class="org.ldaptive.ConnectionConfig"
        p:ldapUrl="${ldap.url}"
        p:connectTimeout="${ldap.connectTimeout}"
        p:useStartTLS="${ldap.useStartTLS}"
        p:sslConfig-ref="sslConfig" />

<bean id="ldapPoolConfig" class="org.ldaptive.pool.PoolConfig"
        p:minPoolSize="${ldap.pool.minSize}"
        p:maxPoolSize="${ldap.pool.maxSize}"
        p:validateOnCheckOut="${ldap.pool.validateOnCheckout}"
        p:validatePeriodically="${ldap.pool.validatePeriodically}"
        p:validatePeriod="${ldap.pool.validatePeriod}" />

<bean id="sslConfig" class="org.ldaptive.ssl.SslConfig">
    <property name="credentialConfig">
        <bean class="org.ldaptive.ssl.X509CredentialConfig"
            p:trustCertificates="${ldap.trustedCert}" />
    </property>
</bean>

<bean id="pruneStrategy" class="org.ldaptive.pool.IdlePruneStrategy"
        p:prunePeriod="${ldap.pool.prunePeriod}"
        p:idleTime="${ldap.pool.idleTime}" />

<bean id="searchValidator" class="org.ldaptive.pool.SearchValidator" />

<bean id="bindPooledLdapConnectionFactory"
        class="org.ldaptive.pool.PooledConnectionFactory"
        p:connectionPool-ref="bindConnectionPool" />

<bean id="bindConnectionPool" parent="abstractConnectionPool"
        p:connectionFactory-ref="bindConnectionFactory" />

<bean id="bindConnectionFactory"
```

```
                class="org.ldaptive.DefaultConnectionFactory"
                p:connectionConfig-ref="bindConnectionConfig" />

<bean id="bindConnectionConfig" parent="abstractConnectionConfig" />

<!--LDAP 认证策略结束 -->
```

在 LDAP 认证策略的配置项中，所有和部署环境相关的配置属性都是通过变量的形式引用，所以接下来还需要修改这些配置变量。打开 apache-tomcat-7.0.72/webapps/cas/WEB-INF/ 目录下的 cas.properties 配置文件，修改 LDAP 的配置属性，将它们对应到我们的 LDAP 环境。

代码清单 6-2　cas.properties 文件

```
ldap.url=ldap://IPA-Server 所在服务器:389
# Base DN of users to be authenticated
ldap.authn.baseDn=cn=users,cn=accounts,dc=com

# Manager DN for authenticated searches
ldap.authn.managerDN=uid=admin,cn=users,cn=accounts,dc=com

# Manager password for authenticated searches
ldap.authn.managerPassword= 密码

# Search filter used for configurations that require searching for DNs
#ldap.authn.searchFilter=(&(uid={user})(accountState=active))
ldap.authn.searchFilter=(uid={user})

ldap.useStartTLS=false
ldap.trustedCert=/path/to/cert.cer
```

注意，ldap.authn.managerPassword 项配置的密码是安装 IPA-Server 时设置的管理员密码。全部设置完毕之后，LDAP 认证策略的配置工作就完成了。

3. 配置 Tomcat 安全证书

为了安全考虑，CAS-Server 在整个通信过程中都会使用 SSL 加密协议进行传输，所以还需要在 Tomcat 中进行安全证书的配置。打开 /apache-tomcat-7.0.72/conf 目录下的 server.xml 配置文件，找到 HTTPS 的配置项。这里主要是增加 keystorePass（安装 Knox 时设置的密码）和 keystoreFile（Knox 的 keystroe 地址）两个属性。

```
<Connector port="8445" protocol="org.apache.coyote.http11.Http11Protocol"
    maxThreads="150" SSLEnabled="true" scheme="https" secure="true"
    clientAuth="false" sslProtocol="TLS" keystoreType="JKS"  keystorePass="
    安装 knox 时候设置的密码" keystoreFile="/usr/hdp/current/knox-server/data/
    security/keystores/gateway.jks"/>
```

4. 启动 CAS-Server

完成所有的配置之后可以启动 CAS-Server 了，其实就是启动 Tomcat 服务。进入 apache-tomcat-7.0.72/bin 目录执行 startup 脚本启动服务。

```
./startup.sh

Using CATALINA_BASE:    /data/apache-tomcat-7.0.72
Using CATALINA_HOME:    /data/apache-tomcat-7.0.72
Using CATALINA_TMPDIR:  /data/apache-tomcat-7.0.72/temp
Using JRE_HOME:         /usr/java/jdk1.7.0_80
Using CLASSPATH:        /apache-tomcat-7.0.72/bin/bootstrap.jar:/data/apache-
                        tomcat-7.0.72/bin/tomcat-juli.jar
Tomcat started.
```

CAS-Server 启动之后，打开浏览器输入 https：//CAS-Server 地址：8445/cas 来到 CAS 的登录页面，如图 6-6 所示。此时可以使用 IPA 中的 Kerberos 用户进行登录了。

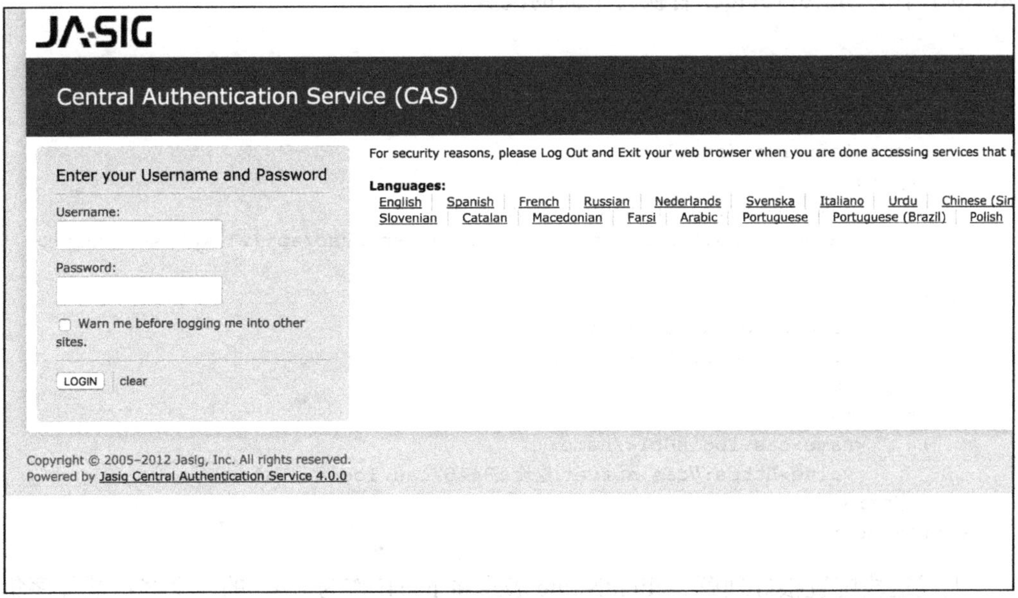

图 6-6　CAS-Server 的默认登录页面

6.1.3 集成 Knox 网关与 CAS-Server

现在 CAS-Server 已经运行起来了，但是这样一个光杆服务对于平台来说，还起不到任何实质性的作用，还需要将一个一个的子系统和 CAS-Server 集成起来才行。首先集成 Knox 网关服务，以便让 Konx 网关代理的 Hadoop 原生 Web UI 和 RESTful 服务都通过 CAS-Server 进行登录认证。为了实现集成，需要回到 Ambari 修改 Knox 网关的两个配置。

1. 配置单点登录代理

Knox 除了作为网关服务之外，也能作为代理的认证中心。它的这套代理机制设计得十分巧妙，Knox 对外提供了一套统一的 knoxsso 单点登录服务，而底层实现则可以支撑多种 SSO 框架的实现，例如 pac4j。pac4j 是一款用 Java 实现的权限引擎，支持多种协议多种框架，包括 CA5。所以借助 Knox 网关与 pac4j 的集成就能间接的实现 Knox 与 CAS 的集成。

首先进入 Knox 网关的高级设置，修改 Advanced knoxsso-topology 配置项。将 provider 中的 ShiroProvider 替换为下面的配置。

```xml
<provider>
    <role>federation</role>
    <name>pac4j</name>
    <enabled>true</enabled>
    <param>
        <name>pac4j.callbackUrl</name>
        <value>https://knox 地址 :8443/gateway/knoxsso/api/v1/websso</value>
    </param>
    <param>
        <name>clientName </name>
        <value>CasClient </value>
    </param>
    <param>
        <name>cas.loginUrl</name>
        <value>https://cas-server 地址 :8445/cas/login</value>
    </param>
</provider>
```

上述这段配置很好理解，clientName 表示将 pac4j 作为 CAS 的一个客户端程序集成到它的单点登录体系中去，cas.loginUrl 则表示 CAS-Server 的认证地址，而 pac4j.

callbackUrl 则表示登录成功之后跳转的服务地址。

接着在白名单配置中，加入相关服务器的域名，因为不在此白名单中的地址将不能访问 Knox 的服务。

```
<param>
    <name>knoxsso.redirect.whitelist.regex</name>
        <value>^https?:\/\/(相关服务器的域名|localhost|127\.0\.0\.1|0:0:0:0:0:0:0:1|::1):
        [0-9].*$</value>
</param>
```

2. 配置服务代理

然后需要修改服务代理的配置，使得 Knox 代理的 Web UI 和 Restful 服务通过 knoxsso 服务进行认证。在 Knox 网关的高级设置中找到 Advanced topology 配置项。将 provider 节替换为下面的配置。

```
<provider>
    <role>webappsec</role>
    <name>WebAppSec</name>
    <enabled>true</enabled>
    <param>
        <name>cors.enabled</name>
        <value>true</value>
    </param>
</provider>
<provider>
    <role>federation</role>
    <name>SSOCookieProvider</name>
    <enabled>true</enabled>
    <param>
        <name>sso.authentication.provider.url</name>
        <value>https://knox地址:8443/gateway/knoxsso/api/v1/websso</value>
    </param>
</provider>
<provider>
    <role>identity-assertion</role>
    <name>Default</name>
    <enabled>true</enabled>
</provider>
```

3. 导入 Keystore

由于 CAS-Server 使用 SSL 协议进行传输，所以它的所有客户端系统都需要在相应服务器的 JRE 中导入证书文件。Knox 网关作为 CAS-Server 的客户端，也需要实施这个步骤。

首先通过 keytool - export 命令导出证书并命名为 cert.pem，。注意，请妥善保存这个证书文件，因为后续还会多次用到它。

```
keytool -export -alias gateway-identity -rfc -file ./cert.pem -keystore
```

接着进入 JRE 目录并执行 keytool –import 命令导入证书。

```
cd /java/jdk1.7.0_80/jre/lib/security
keytool -import -trustcacerts -file cert.pem -alias knox -keystore cacerts
```

4. 重启服务

全部步骤完成之后，通过 Ambari 控制台重启 Knox 网关服务，这样 Knox 网关与 CAS-Server 的集成就大功告成了。现在测试一下集成后的效果如何，打开浏览器，输入 https：//knox 地址：8443/gateway/default/hbase/webui 访问 HBase 的 WEB UI 控制台，由于我们并未登录，所以请求被重定向到了 CAS-Server 的登录页面，如图 6-7 所示。

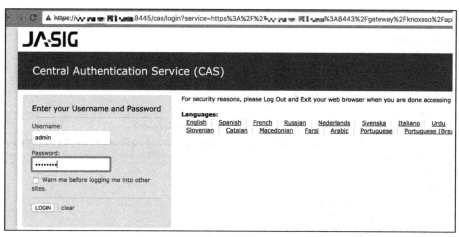

图 6-7　Knox 网关集成到 CAS-Server 后的登录页面

使用 Kerberos 用户进行登录，待认证通过之后，页面会被重定向回 HBase 的 Web UI，如图 6-8 所示。整个流程十分顺畅，完全符合我们的预期，可见集成的效果十分不错。

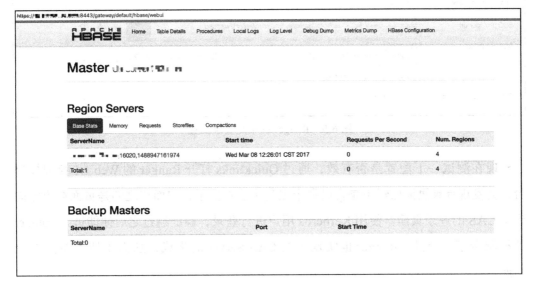

图 6-8　通过 Knox 网关代理访问的 HBase 的 Web UI 控制台

6.1.4　集成 Ranger 与 CAS-Server

接着开始集成 Ranger 与 CAS-Server，让 Ranger 也能通过 CAS-Server 进行单点登录。Ranger 虽然从设计上不能直接与 CAS-Server 集成，但是它可以和 Knox 网关集成，而在上一小节中已经将 Knox 网关与 CAS-Server 集成了，这样一来，只需将 Ranger 与 Knox 网关集成，就能将 Knox 网关作为转接的桥梁，最终实现 Ranger 与 CAS-Server 集成。

通过 Ambari 打开 Ranger 的高级设置，找到 Knox SSO Settings 配置项。首先勾选 Enable Ranger SSO 选项，允许 Ranger 使用单点登录功能，接着在 SSO provider url 配置项中填入 Knox 网关的 knoxsso 服务地址，最后还需要填写 SSO Public key。还记得之前导出的 cert.pem 证书吗？现在又要用到它了，用文本编辑器或者 cat 命令查 cert.pem 证书的内容，然后填写到 SSO Public key 配置项，如图 6-9 所示。全部做完之后，保存并重启服务，这样便完成了 Ranger 的单点登录设置。

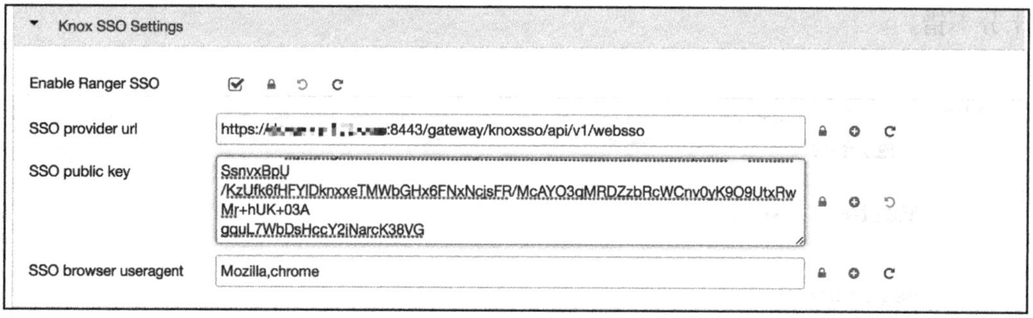

图 6-9 Ranger 的单点登录配置

现在测试一下配置是否有效，通过 Quicklinks 打开 Ranger 的 Web UI 管理控制台，会发现登录页面已经不是自己那个黑色主题页面了，取而代之的是页面被重定向到了 CAS 的登录页面。使用 Kerberos 用户进行登录，验证通过之后便能进入 Ranger 的控制台了。至此，Ranger 也实现了与 CAS-Server 的集成，从而支持了单点登录功能。

6.1.5 集成 Ambari 与 CAS-Server

最后，开始集成 Ambari 与 CAS-Server，使得 Ambari 也能通过 CAS-Server 来代理自身系统的登录验证。与 Ranger 相同，Ambari 自身的功能设计并不支持直接和 CAS-Server 集成，也需要利用 Knox 网关作为桥梁，从而间接实现与 CAS-Server 集成。

1. 开启单点登录选项

为了实现集成，首先需要开启 Ambari 的单点登录选项并进行配置。登录 Ambari-Server 所在的服务器执行 ambari-server setup-sso 命令设置单点登录。

```
ambari-server setup-sso

Using python  /usr/bin/python
Setting up SSO authentication properties...
Do you want to configure SSO authentication [y/n] (y)?
Provider URL [URL] (http://example.com):https://Knox网关地址:8443/gateway/knoxsso/api/v1/websso
Public Certificate pem (empty) (empty line to finish input):

Ambari Server 'setup-sso' completed successfully.
```

这里的配置项和设置 Ranger 的时候如出一辙，Provider URL 表示 knoxsso 的服务地址，而 Public Certificate pem 对应的则是 cert.pem 证书内容。

2. 配置 LDAP

开启单点登录之后，还需要配置 LDAP 信息，执行 ambari-server setup-ldap 命令。

```
ambari-server setup-ldap
Using python  /usr/bin/python
Setting up LDAP properties...
Primary URL* {host:port} : IPA-Server 地址:389
Secondary URL {host:port} : IPA-Server 地址:389
Use SSL* [true/false] (false):
User object class* (posixAccount): person
User name attribute* (uid): uid
Group object class* (posixGroup): nsContainer
Group name attribute* (cn): cn
Group member attribute* (memberUid): member
Distinguished name attribute* (dn): dn
Base DN* : cn=users,cn=accounts,dc=com
Referral method [follow/ignore] : follow
Bind anonymously* [true/false] (false):
Manager DN* : uid=admin,cn=users,cn=accounts,dc=com
Enter Manager Password* :
Re-enter password:
====================
Review Settings
====================
authentication.ldap.managerDn: uid=admin,cn=users,cn=accounts,dc=com
authentication.ldap.managerPassword: *****
Save settings [y/n] (y)?
Saving...done
Ambari Server 'setup-ldap' completed successfully.
```

配置程序要通过交互式的方式要求用户输入 LDAP 的相关信息，如服务地址、BaseDN、管理员用户和密码等。其中关键配置说明如下：

❏ Primary URL：LDAP 地址，这里指向 IPA-Server 自带的 LDAP

❏ BaseDN：搜索用户的根 dn 路径

❏ Manager DN：登录账户名

❏ Enter Manager Password：登录账户密码

为了让 LDAP 配置生效，还需要重启 Ambar-Server。执行 ambari-server restart

命令重启服务，执行过程中会要求你输入 Ambari 管理员密码。

3. 同步 LDA.P 用户

LDAP 配置完毕之后，还需要同步 LDAP 用户。这里读者可能会有疑问，我们不是要集成单点登录吗，为何还要让 Ambari 从 LDAP 中同步用户到自己的数据库呢？这是因为虽然 Ambari 将自身的登录认证交给了 CAS-Server，但是其系统本身还是需要保留一套内部用户的，并且这套内部用户还需要和 CAS-Server 指定的 LDAP 用户一一对应。可以用一个具体的例子来说明整个认证流程，例如在访问 Ambari 的时候，如果未曾登录，用户会被 CAS-Client 重定向到 CAS-Server 的登录页面。之后，用户在登录页面使用 admin 账户进行了登录，CAS-Server 便会使用从登录页面拿到的 admin 用户名和密码去 LDAP 中进行验证，如果验证通过，CAS-Server 又会通过重定向的方式将页面跳转到 Ambari 的管理系统页面，同时还会将登录用户的用户名标识一并返回给 Ambari。Ambari 系统在拿到 CAS-Server 返回的 admin 用户名后，会在自己的用户数据库中查询一个名为 admin 的本地用户与之映射，最终，登录用户得偿所愿地以 admin 用户身份进入到了 Ambari。

在理解 3CAS-Server 与其集成的子系统之间的用户关系之后，同步 LDAP 用户的行为就可以理解了。执行 ambari-server sync-ldap、all 命令同步用户。

```
ambari-server sync-ldap --all

Using python  /usr/bin/python
Syncing with LDAP...
Enter Ambari Admin login: admin
Enter Ambari Admin password:
Syncing all...
Completed LDAP Sync.
Ambari Server 'sync-ldap' completed successfully.
```

至此，Ambari 与 CAS-Server 的集成也大功告成了，现在来检验一下成果如何。打开浏览器，输入 Ambari 的访问地址，如若未登录，页面会被重定向到 CAS-Server 的登录页面，使用 Kerberos 用户登录之后，就能成功进入到 Ambari 的管理控制台。

不仅如此，现在只要在 CAS-Server 登录之后，访问 Ambari、Ranger 和 Knox 中的任意系统都不需要再进行登录了。这样就完美地解决了目前平台中存在的多套系统登录的问题。

6.2 实现统一的用户管理系统

现在再来分析一下大数据平台中存在的用户问题。大数据平台在经过一系列整合举措之后已然耳目一新。平台相比之前已经更加的安全，同时多个系统之间的单点登录功能也已经实现。更为重要的是，从逻辑的角度来看，现在大数据平台中只存在一种用户，即 Kerberos 用户。因为不论是 CAS-Server 的单点登录，或是 Hadoop 的身份验证，或是 Ranger 的数据授权对象，它们现在都是面向 Kerberos 用户。系统用户使用分配给自己的 Kerberos 用户后，在权限允许的范围内可以在大数据平台内畅通无阻。

然而从物理的角度来看，大数据平台实际上存在三类用户存储，它们分别是：

- Kerberos 用户：存储在 LDAP 服务中，Hadoop 服务使用此用户进行身份和权限校验
- Ranger 外部扩展用户：存储在自己的关系型数据库中，从 LDAP 服务或文件同步而来，与 Kerberos 用户一一映射，Ranger 在分配数据权限的时候会使用自己的外部扩展用户。
- Ambari 用户：存储在自己的关系型数据库中，从 LDAP 服务同步而来与 Kerberos 用户一一映射。

这种整合架构在系统用户的使用体验上十分不错，因为用户并不需要关心底层是如何实现的，他们只需要知道使用分配的 Kerberos 用户就能在其权限允许的范围内畅通无阻。但同时，这种架构又为用户的管理带来了困扰，因为管理员不可能在创建一个用户的时候去登录三个系统分别创建。

这个问题怎么解决呢？可以考虑为大数据平台开发一款统一用户管理系统，通过此系统代为管理多个映射的用户系统，而管理员只需面对单个的统一用户管理系统便能轻松维护。考虑到 Ambari 集群管理系统的用户应该只属于少数的专项管理人员，而不应该对应到每一个 Kerberos 用户，所以在实现这套用户管理系统的时候暂时只需要考虑如何代理 Kerberos 用户和 Ranger 用户的管理。

对于 Kerberos 用户的维护工作，直接使用 IPA 提供的 CLI 接口是最为便捷和稳妥的方法。因为它在创建用户的同时会自动的在 Kerberos、LDAP 和服务器本地创建三个相同的用户，并保证它们事务的一致性。借助 IPA 的能力，直接省去了自己实现这三类用户同步功能的工作量。

然而 IPA 的 CLI 接口都是一些交互式命令，需要用户以应答的方式输入接口参数。这种接口形式很难直接使用 Java 程序进行调用，比较可行的方式是通过 Linux 脚本调用 IPA CLI 接口，再由 Java 程序调用 Linux 脚本。但是普通的 Linux 脚本对于 IPA 这种复杂的交互式命令也爱莫能助，所以这里需要用到一款专门针对交互式命令场景下的脚本利器，即 Expect。

1. Expect 简介

Expect 是一款在 Linux 系统中专门用来处理交互式命令的脚本工具，就如同 bash 脚本一样，但 Expect 相比 bash 更擅长交互式应答场景。在 Expect 中，主要由四个最为关键的命令组成，它们分别是 send、expect、spawn 和 interact。

send 命令用于向进程发送字符串命令，这就如同模拟用户敲击键盘回应输入信息。而 expect 命令则从进程接收执行命令后的回馈信息进行匹配。spawn 命令会启动新的进程，而 interact 命令则允许用户与程序进行交互。如若想了解更多信息，可以访问 Expect 的项目主页进行更加深入的学习，主页地址是 http：//expect.sourceforge.net/。

2. 安装 Expect

安装 Expect 可以选择使用 yum 的方式也可以选择从官网下载源码编译安装，这里直接使用 yum install 命令安装。

```
yum -y install expect
```

至于源码编译安装的方式读者可以查看官网文档，这里就不再赘述了。

3. 创建 Kerberos 用户

现在开始编写创建 Kerberos 用户的 expect 脚本，创建一个名为 add_user.sh 的脚本文件。

由于用户管理系统不会部署在 IPA-Server 所在的服务器上，而创建用户又需要使用到 IPA 本地登录才能使用到的管理命令，所以首先需要通过 spawn 命令远程登录到 IPA-Server 服务器。

```
spawn ssh {ipa服务地址}
```

然后通过 kinit 命令登录 IPA 管理员用户。

```
send "kinit -kt {admin用户keytab文件地址} admin \r"
```

接着通过 ipa user-add 命令创建用户。

```
send "ipa user-add 用户名 --first=用户名 --last=用户名 --password \r"
```

设置默认密码。

```
expect {
    "*Password*:" { send "{默认密码}\r" }
}
expect {
    "*Enter Password again to verify*:" { send "{默认密码}\r" }
}
```

当用户名已存在时，通过 exit 退出。

```
expect {
    "ipa: ERROR: user with name*" { send "exit \r" }
}
```

当创建好的用户在第一次登录的时候，Kerberos 出于安全考虑会要求用户重置初始密码。对于这项特性而言,既可以在用户通过前端 Web UI 登陆用户管理系统时弹出重置密码的页面,让用户修改密码,也可以在 expect 脚本内直接帮用户重置修改一次,从而避免此项特性对终端用户带来的额外操作负担。

首先使用 kinit 命令登录刚刚创建好的用户。

```
expect {
    "*Kerberos keys available*:" { send "kinit {用户名}"\r" }
}
```

接着输入登录密码。

```
expect {
    "*Password*:" { send "{密码}\r" }
}
```

此时,Kerberos 会要求用户修改密码,直接以脚本的形式修改密码,修改后的密码保持与默认密码相同。

```
expect {
    "*Password expired. You must change it now.*:" { send "{默认密码}\r" }
    "*Enter new password*:" { send "{默认密码}\r" }
}
expect {
    "*Enter it again*:" { send "{默认密码}\r" }
}
```

到这里还可以更进一步完善功能,为新建的 Kerberos 用户创建 keytab 密码文件。因为当通过编写的应用程序使用 HDFS、Spark 和 HBase 等服务的时候,通常都是使用 keytab 文件登录 Kerberos 的。

首先,使用 kinit 命令切换回 admin 用户。

```
send "kinit -kt {admin用户keytab文件地址} admin \r"
```

接着,通过 kadmin.local 命令进入管理模式。

```
send "kadmin.local \r"
```

执行 xst 命令创建用户的 keytab 文件

```
expect {
```

```
    "*kadmin.local*:" { send "xst -norandkey -k {keytab 文件保存地址} {用户名}\r"}
}
```

创建成功之后,执行 exit 退出。

```
expect {
    "*kadmin.local*:" { send "exit \r" }
}
```

至此,创建 Kerberos 用户的过程就全部写完了,脚本代码还有可以优化的地方,例如可以将服务器地址和用户名等属性通过入参变量的形式在代码中引用,优化后的 add_user.sh 脚本完整代码如下所示。

代码清单 6-3　add_user.sh 文件

```
#!/usr/bin/expect

set server [lindex $argv 0]
set keytabPath [lindex $argv 1]
set username [lindex $argv 2]
set domain [lindex $argv 3]
set password 默认密码

#set timeout 1

spawn ssh $server
#expect {
#  "*Are you sure you want to continue connecting (yes/no)?*:" { send "yes \r" }
#}
# 新建用户
send  "kinit -kt  $keytabPath/admin.keytab admin \r"
send  "ipa user-add $username --first=$username --last=$username  --password \r"
expect {
    "*Password*:" { send "$password\r" }
}
expect {
    "*Enter Password again to verify*:" { send "$password\r" }
}
expect {
    "ipa: ERROR: user with name*" { send "exit \r" }
}

#sleep 2

# 登录用户修改初次密码
expect {
```

```
        "*Kerberos keys available*:" { send "kinit $username \r" }
}

expect {
    "*Password*:" { send "$password\r" }
}
expect {
    "*Password expired.  You must change it now.*:" { send "$password\r" }
    "*Enter new password*:" { send "$password\r" }
}
expect {
    "*Enter it again*:" { send "$password\r" }
}

# 创建 keytab
send "kinit -kt $keytabPath/admin.keytab admin \r"
send "kadmin.local \r"
expect {
    "*kadmin.local*:" { send "xst -norandkey -k $keytabPath/$username.keytab
        $username@$domain \r" }
}
expect {
    "*kadmin.local*:" { send "exit \r" }
}

send "exit\r"

expect eof ;
```

现在来测试一下脚本，尝试通过此脚本创建一个名为 testnauu2 的新用户，执行 add_user.sh 脚本。

```
#./add_user.sh root@ipa-server 地址 /var/kerberos/keytab testnauu2 CLUSTER.COM
```

4. 删除 Kerberos 用户

有创建自然就会有删除，现在开始编写删除 Kerberos 用户的 expect 脚本，创建一个名为 del_user.sh 的脚本文件。

首先还是以 spawn 命令远程登录到 IPA-Server 服务器。

```
spawn ssh {ipa 服务地址}
```

然后通过 kinit 命令登录 IPA 管理员用户。

```
send "kinit -kt {admin用户keytab文件地址} admin \r"
```

接着通过 ipa user-del 命令删除用户。

```
send "ipa user-del {用户名} \r"
```

最后,删除此用户的 keytab 文件并执行 exit 命令退出。

```
send "rm -f {keytab文件地址} \r"

send "exit\r"
```

至此,删除 Kerberos 用户的过程也全部写完了,相比创建用户要简单不少。del_user.sh 脚本完整代码如下所示。

代码清单 6-4　del_user.sh 文件

```
#!/usr/bin/expect
set server [lindex $argv 0]
set keytabPath [lindex $argv 1]
set username [lindex $argv 2]

spawn ssh $server
# 删除用户
send "kinit -kt $keytabPath/admin.keytab admin \r"
send "ipa user-del $username \r

# 删除keytab文件
send "rm -f $keytabPath/$username.keytab \r"
send "exit\r"
```

现在以同样的方法再来测试一下删除脚本,将刚才新建的名为 testnauu2 的用户删除掉,执行 del_user.sh 脚本。

```
# ./del_user.sh root@ ipa-server地址 /var/kerberos/keytab testnauu2
```

6.3　使用 Java 程序调用脚本

如果只有 Expect 脚本可不行,还需要使用 Java 程序调用这些脚本。在 Java 语言里,可以借助 ProcessBuilder 对象执行 shell 脚本,首先看看如何通过排 Java 程序调用 add_user 脚本。

定义一个 List 对象，依次将脚本执行的入参填入其中。

```
List<String> command = new ArrayList<>();
```

指定脚本路径。

```
command.add("./bin/add_user.sh");
```

设置 IPA-Server 服务器地址。

```
command.add("ipa 服务地址");
```

设置 Keytab 文件保存地址。

```
command.add("keytab 保存地址");
```

设置用户名与域。

```
command.add("testnauu2");
command.add("TESTCLUSTER.COM");
```

实例化 ProcessBuilder 对象并执行脚本。

```
ProcessBuilder pb = new ProcessBuilder();
pb.command(command);
Process p = pb.start();
```

作为程序的控制者，还需要知道脚本执行的状态是成功的或是失败的，如果失败了还需要知道错误信息是什么。首先定义状态和返回信息两个变量。

```
int runningStatus = 0;
String input = "";
```

将脚本进程的错误合并到输入流，这样只需读取输入流就能拿到所以的脚本执行信息。

```
pb.redirectErrorStream(true);
```

读取输入流。

```
BufferedReader stdInput = new BufferedReader(new InputStreamReader(p.getInput-
    Stream()));
String s = null;
while ((s = stdInput.readLine()) != null) {
    input += s + "\n";
}
```

以阻塞的方式执行脚本并接受脚本执行状态。

```
runningStatus = p.waitFor();
```

调用删除脚本的过程和新增脚本如出一辙，现在新建一个名为 IpaUserDao 的服务类，定义 addUser 和 delUser 两个方法，完整代码如下所示。

代码清单 6-5　IpaUserDao 类

```java
@Service
public class IpaUserDao {

    private static Logger logger = LoggerFactory.getLogger(IpaUserDao.class);

    /**
     * 安装 ipa server 的服务器地址
     */
    @Value("${ipa.server}")
    private String ipaServer;

    /**
     * 安装 ipa server 时配置的域
     */
    @Value("${ipa.domain}")
    private String ipaDomain;

    /**
     * 存放 admin.keytab 文件的路径
     */
    @Value("${ipa.keytabs.path}")
    private String keytabPath;

    /**
     * ipa_add_user 脚本存放的跟路径
     */
    @Value("${home}")
    private String home;

    /**
     * 调用 ipa_add_usersh.sh 脚本新增 ipa 用户，也就是 Kerberos 用户。
     * @param account
     * @return
     */
    public String addUser(Account account) {

        //声明一个数组用于存放脚本入参
```

```java
List<String> command = new ArrayList<>();

// 设置入参
command.add(home+"/bin/ipa_add_user.sh");
command.add(ipaServer);
command.add(keytabPath);
command.add(account.getUsername());
command.add(ipaDomain);

logger.info("args is : " + command);

// 声明用于执行shell脚本的ProcessBuilder对象
ProcessBuilder pb = new ProcessBuilder();
// 将入参数组放置到ProcessBuilder对象中
pb.command(command);

int runningStatus = 0;
String s = null;
String input = "";
try {
    long start = System.currentTimeMillis();

    // 将执行shell脚本时返回的错误流归并到输入流,这样我们只需要关注输入流即可
    pb.redirectErrorStream(true);
    // 执行脚本
    Process p = pb.start();

    // 接收输入流,拿到脚本的执行信息
    BufferedReader stdInput = new BufferedReader(new InputStreamReader
        (p.getInputStream()));
    while ((s = stdInput.readLine()) != null) {
        input += s + "\n";
    }

    logger.info("input: " + input);
    // 阻塞等待脚本执行完毕
    runningStatus = p.waitFor();
    logger.info("runningStatus: " + runningStatus);
    logger.info("input: " + input);

    long end = System.currentTimeMillis();
    long execTime = end - start;
    logger.info("execTime: " + execTime);

} catch (IOException | InterruptedException e) {
    e.printStackTrace();
}
return input;
```

}

/**
 * 调用 ipa_del_user.sh 脚本删除 ipa 用户。
 * @param name
 * @return
 */
public String delUser(String name) {

    // 声明一个数组用于存放脚本入参
    List<String> command = new ArrayList<>();

    // 设置入参
    command.add(home+"/bin/ipa_del_user.sh");
    command.add(ipaServer);
    command.add(keytabPath);
    command.add(name);

    logger.info("args is : " + command);

    // 声明用于执行 shell 脚本的 ProcessBuilder 对象
    ProcessBuilder pb = new ProcessBuilder();
    // 将入参数组放置到 ProcessBuilder 对象中
    pb.command(command);

    int runningStatus = 0;
    String s = null;
    String input = "";
    try {
        long start = System.currentTimeMillis();

        // 将执行 shell 脚本时返回的错误流归并到输入流，这样我们只需要关注输入流即可
        pb.redirectErrorStream(true);
        // 执行脚本
        Process p = pb.start();

        // 接收输入流，拿到脚本的执行信息
        BufferedReader stdInput = new BufferedReader(new InputStreamReader
            (p.getInputStream()));
        while ((s = stdInput.readLine()) != null) {
            input += s + "\n";
        }
        logger.info("input: " + input);

        // 阻塞等待脚本执行完毕
        runningStatus = p.waitFor();
        logger.info("runningStatus: " + runningStatus);
        logger.info("input: " + input);
```
```

```
            long end = System.currentTimeMillis();
            long execTime = end - start;
            logger.info("execTime: " + execTime);

        } catch (IOException | InterruptedException e) {
            e.printStackTrace();
        }
        return input;

    }
}
```

6.4 创建 Ranger 扩展用户

现在将目光转向 Ranger，与维护 Kerberos 用户相比，创建 Ranger 的扩展用户则要简单多了，因为 Ranger 已经内置了一个从 CSV 文件中同步用户的脚本，所以只需要通过 Java 程序调用此用户同步脚本就可以了。

创建一个名为 RangerUser 的 java 文件，首先通过 Java 程序创建一个 CSV 文件对象。

```
File file = new File(""+new Date().getTime()+".csv");
```

接着将需要创建用户的用户名和分组信息以逗号分隔的形式写入 CSV 文件。

```
try {
    fileWriter = new FileWriter(file);
    fileWriter.write("testnauu2,yguser");
    fileWriter.flush();
} catch (IOException e1) {
    e1.printStackTrace();
}
```

现在开始编写调用同步用户脚本部分逻辑，此处同样是借助 ProcessBuilder 对象执行 shell 脚本。首先定义一个 List 对象，依次将脚本执行的参数填入其中。

```
List<String> command = new ArrayList<>();
```

指定脚本路径。

```
command.add("./run-filesource-usersync.sh");
```

指定用户文件地址。

```
command.add("-i");
command.add(file.getAbsolutePath());
```

实例化 ProcessBuilder 对象并执行脚本。

```
ProcessBuilder pb = new ProcessBuilder();
pb.command(command);
Process p = pb.start();
```

以阻塞的方式执行脚本并接受脚本执行状态。

```
runningStatus = p.waitFor();
```

至此，通过 Java 程序调用 Ranger 脚本的逻辑也写完了。RangerUser 的完整代码如下所示。

代码清单 6-6　RangerUser 类

```
@Service
public class RangerUserDao{

    private static Logger logger = LoggerFactory.getLogger(RangerUserDao.class);

    /**
     * run-filesource-usersync.sh 脚本存放的路径
     */
    @Value("${ranger.path}")
    private String rangerPath;

    /**
     * 调用 run-filesource-usersync.sh 脚本新增 ranger 用户
     * @param account
     * @return
     */
    public String addUser(Account account) {

        //随机命名并创建一个 csv 文件
        File file = new File(""+new Date().getTime()+".csv");
        FileWriter fileWriter = null;
        try {
            fileWriter = new FileWriter(file);
            //以用户，用户组 的格式将用户信息写入 csv 文件
            fileWriter.write(account.getUsername()+",yguser");
            fileWriter.flush();
        } catch (IOException e1) {
```

```java
            e1.printStackTrace();
        }

        //执行 run-filesource-usersync.sh 脚本，通过 -i 参数指定存有用户信息的 csv 文件路径
        List<String> command = new ArrayList<>();

        command.add(rangerPath+"/run-filesource-usersync.sh");
        command.add("-i");
        command.add(file.getAbsolutePath());

        logger.info("args is : "+command);

        ProcessBuilder pb = new ProcessBuilder();
        pb.command(command);
        int runningStatus = 0;
        String s = null;
        String input = "";
        try {

            long start = System.currentTimeMillis();

            pb.redirectErrorStream(true);
            Process p = pb.start();

            BufferedReader stdInput = new BufferedReader(new InputStreamReader
                (p.getInputStream()));
            while ((s = stdInput.readLine()) != null) {
                input += s + "\n";
            }
            logger.info("input: "+input);
            runningStatus = p.waitFor();
            logger.info("runningStatus: "+runningStatus);


            long end = System.currentTimeMillis();
            long execTime = end - start;
            logger.info("execTime: "+execTime);

        } catch (IOException | InterruptedException e) {
            e.printStackTrace();
        }finally{
            //关闭 fileWriter 连接
            if(fileWriter != null){
                try {
                    fileWriter.close();
                } catch (IOException e) {
                    e.printStackTrace();
                }
```

```
            }
            // 删除 csv 文件
            file.delete();
        }
        return input;
    }
}
```

6.5 本章小结

通过本章的介绍，我们了解到了平台目前存在的多点登录和多套用户的遗留问题，这些问题严重影响了平台的可用性和易用性。于是我们通过使用单点登录系统来解决登录的问题，首先介绍了一款单点登录框架 CAS 并讲解了如何对它进行安装和配置，接着详细介绍了如何将 Knox 代理网关、Ranger 和 Ambari 这三套系统分别与 CAS 集成。

之后又讲解了如何编写 Expect 脚本调用 IPA 接口创建 Kerberos 用户，以及如何使用 Java 程序调用 Expect 脚本和 Ranger 脚本。通过 Java 程序来创建 Kerberos 和 Ranger 用户，为用户接口的服务化提供了后续扩展的空间。

在下一章中，会介绍如何在目前的基础之上更进一步，搭建一套管理端的 Restful 服务。

Chapter 7 第 7 章

搭建平台管理端 RESTful 服务

在现今的企业软件架构中,越来越重视服务化的设计。简单来说,通过服务化,软件系统能够对外暴露自身的能力供第三方系统使用,从而提高功能模块的复用性,并降低不同系统之间的集成难度。

作为企业级大数据平台,自然也需要考虑服务化的需求。大数据平台通过 Knox 代理网关已经将应用层的接口以 RESTful 的形式暴露给了第三方系统。然而,在管理端,平台在服务化方面还少有建树。管理端的服务化接口是完善平台生态的重要一环,通过这项能力,第三方系统可以实现与大数据平台的高度集成化。在接下来的篇幅中,会逐步介绍如何从零开始快速构建一个 RESTful 服务的框架,以及如何实现用户管理和数据查询等部分管理功能,并将它们包装成 RESTful 服务接口。

7.1 搭建 RESTful 服务框架

服务架构中,RESTful 架构作为首要选择是毋庸置疑的,接下来会介绍如何通过 Spring Boot 快速搭建起一套 RESTful 服务框架。

1. 创建 Spring Boot 项目工程

首先，通过 Spring Boot 快速搭建一个 Java 工程框架，为后续能将各种管理端的功能通过 RESTful 的形式提供远程服务做准备。Spring Boot 是 Spring 家族中最新潮的明星产品，它是由 Spring4.0 中的条件化配置思想演变而来。Spring Boot 只需工程引入极少个数的起步依赖，便能自动地帮助我们完成所有模块的复杂依赖导入并完成相关配置，使得开发人员几乎不需要任何配置就能完成项目开发。

在创建工程之前先说明一下我的开发环境，环境如下：

❏ IDE:Eclipse4.3；
❏ JDK:1.8；
❏ Maven:3.3.1。

现在通过 Eclipse 创建一个普通的 Maven 工程项目，命名为 platform-server。

2. 项目包结构

项目工程创建好之后，按照常见的三层架构划分建立包结构，如图 7-1 所示。

包结构说明如表 7-1 所示。

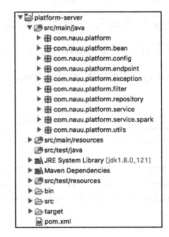

图 7-1 RESTful 服务项目工程包结构示意图

表 7-1 包结构说明

包名称	用途说明
com.nauu.platform	项目程序 Main 方法入口
com.nauu.platform.bean	Bean 对象
com.nauu.platform.config	JavaConfig 配置对象
com.nauu.platform.endpoint	RESTful 服务对象
com.nauu.platform.exception	自定义异常对象
com.nauu.platform.filter	自定义过滤器对象
com.nauu.platform.repository	持久层对象
com.nauu.platform.service	服务层对象
com.nauu.platform.utils	自定义工具对象

3. 引入起步依赖模块

打开 pom 文件引入 spring-boot-starter-web 起步依赖。

```xml
<dependency>
    <groupId>org.springframework.boot</groupId>
    <artifactId>spring-boot-starter-web</artifactId>
</dependency>
```

只需要引入这样一个 Maven 依赖，Spring Boot 就会帮助我们自动引入构建 RESTful 服务需要的所有依赖，并完成基础配置。

4. 创建 RESTful 服务

现在开始编写一个用于测试的 RESTful 服务，在 com.nauu.platform.endpoint 包路径下新建一个 HelloWorldEndPoint 类并定义 say 方法用于测试，其资源访问路径为 /api/hw/say。HelloWorldEndPoint 代码如下所示。

代码清单 7-1　HelloWorldEndPoint 类

```java
package com.nauu.platform.endpoint;

import org.springframework.web.bind.annotation.RequestMapping;
import org.springframework.web.bind.annotation.RequestMethod;
import org.springframework.web.bind.annotation.RestController;

@RestController
public class HelloWorldEndPoint {

    @RequestMapping(value = "/api/hw/say" , method = { RequestMethod.GET })
    public String say() {

        return "hello,你好";
    }

}
```

5. 创建程序入口

测试服务写好之后，还需要编写一个程序入口用来启动 RESTful 服务。在 com.nauu.platform 包路径下新建 BootApplication 类。通过 @SpringBootApplication 注解声明此对象是程序入口。

```
@SpringBootApplication
public class BootApplication {…}
```

然后定义 main 方法，在 main 方法中实例化 SpringApplication 对象并调用它的 run 方法启动服务。

```
public static void main(String[] args) throws Exception {
    SpringApplication application = new SpringApplication(BootApplication.class);
    application.run(args);
}
```

BootApplication 完整代码如下所示。

代码清单 7-2　BootApplication 类

```
package com.nauu.platform;

import org.springframework.boot.SpringApplication;
import org.springframework.boot.autoconfigure.SpringBootApplication;

@SpringBootApplication
public class BootApplication {

    public static void main(String[] args) throws Exception {
        // 启动类
        SpringApplication application = new SpringApplication(BootApplication.class);
        application.run(args);
    }

}
```

6. 启动并测试

现在启动服务，通过 Eclipse 运行 BootApplication 类的 main 方法，服务启动后通过 8800 端口访问。

```
2017-07-11 22:19:10.464  INFO 35802 --- [           main] s.b.c.e.t.TomcatE
    mbeddedServletContainer : Tomcat started on port(s): 8800 (http)
2017-07-11 22:19:10.466  INFO 35802 --- [           main] com.nauu.platform.BootApplication
              : Started BootApplication in 4.816 seconds (JVM running for 5.156)
```

看到如上信息就代表启动成功了，现在测试一下服务。

```
curl 'http://localhost:8800/api/hw/say'

hello,你好
```

你看，通过 Spring Boot 搭建一个初始的 RESTful 服务框架就是这么简单。接下来会一步一步将大数据平台中的管理功能融入这个 RESTful 服务框架中来。

7.2 用户查询

在第 6 章的末尾使用 Java 程序编写了用户管理的两个功能，现在可以将它们的代码迁移到 platform-server 工程内，并为它们编写 Service 和 Endpoint 服务。但是在移动它们之前，我们先来思考一下如何进一步补全用户管理的能力。

现在，大数据平台使用的已经是 Kerberos 用户了，在第 6 章的统一用户管理部分，介绍过如何基于 IPA 的 CLI 接口查询用户。然而，CLI 的调用方式和查询效率对于一个会大量使用的查询服务而言还是显得过于烦琐和低效，我们需要一种更为简便和高效的途径作为用户数据查询的载体。多亏了 IPA-Server，它在创建 Kerberos 用户的同时也同步了一份用户数据存储到 LDAP 服务中，而 LDAP 服务恰巧就是企业级应用中用来存储用户和组织机构的常用存储载体，它能够提供快速高效的查询效率，同时又易于使用。所以，用户查询服务选择通过 LDAP 的 Java 接口来查询平台的用户数据。

7.2.1 引入 LDAP 模块

Spring 对于 LDAP 服务的操作有着良好的支持，打开 pom 文件增加 spring-ldap-core 依赖的配置，就能在程序中通过 Spring 对象操作 LDAP 服务了。

```
<dependency>
    <groupId>org.springframework.ldap</groupId>
    <artifactId>spring-ldap-core</artifactId>
    <version>1.3.2.RELEASE</version>
</dependency>
```

7.2.2 配置 LDAP

在 com.nauu.platform.config 包路径下创建 LDAPConfiguration 配置类。

首先，通过 @Configuration 注解声明这是一个 JavaConfig 对象。

```
@Configuration
public class LDAPConfiguration {
```

接着，需要定义 LDAP 地址、基底 DN、用户名和密码四个变量，并通过 @Value 注解注入属性值。

```
@Value("${ldap.base.provider.url}")
private String url;

@Value("${ldap.base.dn}")
private String baseDN;

@Value("${ldap.security.principal}")
private String principal;

@Value("${ldap.security.credentials}")
private String credentials;
```

对应 @Value 注解，需要在 src/main/resources 路径下的 application.properties 配置文件中增加相应 LDAP 的配置。

```
#ldap 配置
ldap.base.provider.url=ldap://ipa-server 地址 :389
ldap.base.dn=cn=users,cn=accounts,dc=cluster,dc=com
ldap.security.principal=uid=admin,cn=users,cn=accounts,dc=cluster,dc=com
ldap.security.credentials=管理员密码
```

最后，使用注解定义 getContextSource 和 ldapTemplate 两个 bean 对象，完整代码如下所示。

代码清单 7-3　LDAPConfiguration 类

```
@Configuration
public class LDAPConfiguration {

    /**
     * LDAP 服务地址
     */
    @Value("${ldap.base.provider.url}")
    private String url;

    /**
     * LDAP 的基底 DN
     */
```

```java
@Value("${ldap.base.dn}")
private String baseDN;

/**
 * 管理员的用户名
 */
@Value("${ldap.security.principal}")
private String principal;

/**
 * 管理员的密码
 */
@Value("${ldap.security.credentials}")
private String credentials;

/**
 * 定义getContextSource对象，用于定义LDAP的登录信息
 * @return LdapContextSource
 * @throws Exception
 */
@Bean
public LdapContextSource getContextSource() throws Exception{
    LdapContextSource ldapContextSource = new LdapContextSource();
    ldapContextSource.setUrl(url);
    ldapContextSource.setBase(baseDN);
    ldapContextSource.setUserDn(principal);
    ldapContextSource.setPassword(credentials);
    return ldapContextSource;
}

/**
 * 定义LDAP模板对象，通过注入此模板对象可以操作LDAP服务
 * @return LdapTemplate
 * @throws Exception
 */
@Bean
public LdapTemplate ldapTemplate() throws Exception{

    // 定义LdapTemplate实例，在其构造器中传入getContextSource对象
    LdapTemplate ldapTemplate = new LdapTemplate(getContextSource());
    // 忽略查询异常
    ldapTemplate.setIgnorePartialResultException(true);
    ldapTemplate.setContextSource(getContextSource());
    return ldapTemplate;
}

}
```

7.2.3 实现持久层

首先，定义 Account 用户类，作为 Kerberos 用户的承载，代码如下所示。

代码清单 7-4　Account 类

```java
/**
 * Kerberos 用户对象
 * @author nauu
 *
 */
public class Account {

    /**
     * 用户 ID
     */
    private String id;

    /**
     * 用户名
     */
    private String username;

    /**
     * 用户密码
     */
    private String password;

    /**
     * 显示名称
     */
    private String realname;

    public Account() {

    }

    public Account(String id) {
        this.id = id;
    }

    public String getUsername() {
        return username;
    }

    public void setUsername(String username) {
        this.username = username;
```

```java
    }

    public String getPassword() {
        return password;
    }

    public void setPassword(String password) {
        this.password = password;
    }

    public String getId() {
        return id;
    }

    public void setId(String id) {
        this.id = id;
    }

    public String getRealname() {
        return realname;
    }

    public void setRealname(String realname) {
        this.realname = realname;
    }
}
```

然后，定义 LDAP 的持久层接口 AccountLDAPDao 并定义查询所有用户和单个用户的方法，代码如下所示。

代码清单 7-5　AccountLDAPDao 接口

```java
public interface AccountLDAPDao {
    /**
     * 根据 dn 查询相应用户
     * @param dn
     * @return List<Account>
     */
    public List<Account> findAll(String dn);

    /**
     * 根据用户名查询单个用户
     * @param name
     * @return
     */
    public Account get(String name); }
```

接着，定义 AccountLDAPDaoImpl 实现类，通过 Spring 注入 LdapTemplate 模板对象。然后定义一个私有方法 findAll(String dn,String filter,int searchControl)，用来封装 LDAP 的基础查询逻辑，通过 Spring 的 ldapTemplate 对象实现按照指定的 dn、过滤条件和查询层级来返回 LDAP 中的数据，最后将数据映射到 Account 用户对象，代码如下所示。

代码清单 7-6　AccountLDAPDaoImpl 类

```java
@Component
public class AccountLDAPDaoImpl implements AccountLDAPDao{

    private static Logger logger = LoggerFactory.getLogger(AccountLDAPDaoImpl.class);
    /**
     * 注入 Spring 的 LDAP 模板对象
     */
    @Resource
    private LdapTemplate ldapTemplate;

    /**
     * 根据 dn,filter 查询用户
     * @param dn
     * @param filter
     * @param searchControl
     * @return List<Account>
     */
    @SuppressWarnings("unchecked")
    private List<Account> findAll(String dn,String filter,int searchControl) {

        // 通过 LDAP 模板的 search 方法查询 LDAP，传入相应的 dn 和 filter 条件
        List<Account> list = ldapTemplate.search(dn, filter, searchControl,new
            ContextMapper() {

                // 在查询的回调函数中封装 LDAP 的查询结果
                @Override
                public Object mapFromContext(Object arg0) {

                    // 通过 DirContextAdapter 和 Attributes 对象可以拿到查询数据
                    DirContextAdapter adapter = (DirContextAdapter)arg0;
                    Attributes attrs = adapter.getAttributes();

                    // 实例化 Account 用户对象并封装相应属性
                    Account account = new Account();
                    try {
                        String dn = adapter.getDn().toString();
```

```
            String nameInNamespace = adapter.getNameInNamespace();
            String uid = attrs.get("uid")==null?"":attrs.get("uid").get().
                toString();
            String sn = attrs.get("sn")==null?"":attrs.get("sn").get().to-
                String();
            account.setId(dn);
            account.setUsername(uid);
            account.setRealname(sn);
            logger.info("nameInNamespace: "+nameInNamespace+" dn:"+dn);
        } catch (NamingException e) {
            e.printStackTrace();
        }

        return account;
    }
    });

    return list;
}
```

现在继续实现 AccountLDAPDao 接口中定义的方法,可以直接复用刚才实现的 findAll(String dn,String filter,int searchControl) 方法,在调用方法的时候分别设置相应的参数即可。代码如下所示。

代码清单 7-7　AccountLDAPDaoImpl 类

```
@Override
public List<Account> findAll(String dn){

    return findAll(dn,"(&(objectClass=person))",SearchControls.ONELEVEL_SCOPE);
}

@Override
public Account get(String id) {
    String filter = id;
    if(!id.startsWith("uid")){
        filter = "uid="+id;
    }
    List<Account> list = findAll("", filter, SearchControls.SUBTREE_SCOPE);
    if(!CollectionUtils.isEmpty(list)){
        return list.get(0);
    }
    return null;
}
```

7.2.4 实现服务层

在 com.nauu.platform.service 包路径下创建 AccountService 类，由于目前持久层只实现了两个查询方法，逻辑比较简单，所以服务层只需原样照搬，向上层暴露 findAll 和 get 方法就可以了，代码如下所示。

代码清单 7-8　AccountService 类

```java
/**
 * 根据 dn 查询用户
 */
@Override
public List<Account> findAll(String dn){

    //直接调用重载的 findAll 方法, filter 为 objectClass=person
    return findAll(dn,"(&(objectClass=person))",SearchControls.ONELEVEL_SCOPE);
}

/**
 * 根据用户 sn 获取单个用户
 */
@Override
public Account get(String id) {
    String filter = id;
    if(!id.startsWith("uid")){
        filter = "uid="+id;
    }
    List<Account> list = findAll("", filter, SearchControls.SUBTREE_SCOPE);
    if(!CollectionUtils.isEmpty(list)){
        return list.get(0);
    }
    return null;
}
```

7.2.5 实现 RESTful 服务

在 com.nauu.platform.endpoint 包路径下创建 AccountEndPoint 端点类，定义 list 和 get 两个 RESTful 服务，分别用于查询所有用户以及根据 id 查询单个用户，代码如下所示。

代码清单 7-9　AccountEndPoint 类

```java
@RestController
public class AccountEndPoint {
```

```java
/**
 * 通过Spring注入用户服务类
 */
@Autowired
private AccountService accountServcie;


    /**
     * 查询所有用户
     * @return List<Account>
     */
    @RequestMapping(value = "/api/accounts/list", method = { RequestMethod.GET })
    public List<Account> list() {

        // 直接调用accountServcie服务的findAll方法
        List<Account> list = accountServcie.findAll();
        return list;
    }

    /**
     * 根据用户id查询指定用户
     * @param id
     * @return Account
     */
    @RequestMapping(value = "/api/accounts/{id}", method = { RequestMethod.GET })
    public Account listOne(@PathVariable("id") String id) {

        // 直接调用accountServcie服务的get方法
        Account account = accountServcie.get(id);
        return account;
    }
}
```

现在重新运行BootApplication程序，测试一下这两个查询接口。首先通过curl命令查询所有用户。

```
curl 'http://localhost:8800/api/accounts/list'
[ {
    "id" : "uid=admin",
    "username" : "admin",
    "password" : null,
    "realname" : "Administrator"
}, {
    "id" : "uid=ambari-qa-my_cluster",
```

```
    "username" : "ambari-qa-my_cluster",
    "password" : null,
    "realname" : "ambari-qa-my_cluster"
}, {
    "id" : "uid=hdfs-my_cluster",
    "username" : "hdfs-my_cluster",
    "password" : null,
    "realname" : "hdfs-my_cluster"
}, {
    "id" : "uid=hbase-my_cluster",
    "username" : "hbase-my_cluster",
    "password" : null,
    "realname" : "hbase-my_cluster"
}, {
    "id" : "uid=spark-my_cluster",
    "username" : "spark-my_cluster",
    "password" : null,
    "realname" : "spark-my_cluster"
}, {
    "id" : "uid=zeppelin-my_cluster",
    "username" : "zeppelin-my_cluster",
    "password" : null,
    "realname" : "zeppelin-my_cluster"
}, {
    "id" : "uid=ambari-server-my_cluster",
    "username" : "ambari-server-my_cluster",
    "password" : null,
    "realname" : "ambari-server-my_cluster"
} ]
```

可以看到查询服务返回了所有 Kerberos 用户，接着通过用户 ID 查询单个用户。

```
curl 'http://localhost:8800/api/accounts/uid=ambari-qa-my_cluster';

{
    "id" : "uid=ambari-qa-my_cluster",
    "username" : "ambari-qa-my_cluster",
    "password" : null,
    "realname" : "ambari-qa-my_cluster"
}
```

7.2.6 整合用户管理

现在可以把第 6 章写好的用户持久层服务整合到 platform-server 项目了，将 IpaUserDao.java 和 RangerUserDao.java 两个文件复制到 com.nauu.platform.repository 包

路径下，然后在 AccountService 服务对象中定义新增用户的方法。

```
// 通过 Spring 注入 IpaUserDao 类
@Autowired
    private IpaUserDao ipaDao;

// 通过 Spring 注入 RangerUserDao 类
@Autowired
    private RangerUserDao rangerUserDao;

public void add(Account account) {

    ipaDao.addUser(account);
    rangerUserDao.addUser(account);
}
```

接着在 RESTful 服务 AccountEndPoint 类中定义新增用户的方法。

```
@RequestMapping(value = "/api/accounts/add")
public void add(@RequestParam("name") String name,@RequestParam(value = "realname", required
    = false) String realname,
    @RequestParam(value = "password", required = false) String password) {

    Account account = new Account();
    account.setUsername(name);
    account.setRealname(realname);
    account.setPassword(password);

    accountServcie.add(account);
}
```

至此，新增 Kerberos 用户的功能就改造为 RESTful 服务了。

7.3　RESTful 服务安全认证

通过编写用户查询的例子，我们已经创建了一套 RESTful 服务的框架，它目前已经能够提供 Kerberos 用户的新增和查询的服务。然而这套服务框架还缺乏一个非常重要的功能，那就是安全认证机制。安全机制的缺失使得管理端的 RESTful 服务在没有任何保护措施的情况下暴露在外，这是一件非常危险的事情。所以接下来需要为 RESTful 服务加上安全认证机制。

7.3.1 用户登录服务

既然要为服务增加认证机制,自然就需要能够识别身份。所以,首先需要增加用户的登录认证机制,第三方系统在调用 RESTful 服务之前,必须先通过用户登录过程。在 AccountLDAPDao 接口中增加 authenticate 认证接口,它需要接收用户名和密码两个参数。

```
public Account authenticate(String name,String password);
```

接着在 AccountLDAPDaoImpl 对象中编写 authenticate 方法的实现逻辑,通过 ldapTemplate 模板对象提供的 authenticate 方法从 LDAP 中认证 Kerberos。

```
@Override
public Account authenticate(String name, String password) {
    Account account = null;
    String filter = "uid="+ name;
    boolean flag = ldapTemplate.authenticate("", filter, password);
    if(flag == true){
        account = get(name);
    }
    return account;
}
```

> **注意** 这里提到的 Kerberos 用户是逻辑上的用户,它的物理存储本质上是存储在 LDAP 之中的。在使用 IPA 创建 Kerberos 用户的时候,它同时创建了 Kerberos、LDAP 和 Linux 三个相同的物理用户,但是本质上,它们都指代 Kerberos 用户。

7.3.2 使用 JWT 认证

虽然有了用户登录接口,但是在用户登录之后,RESTful 服务又如何识别用户的身份呢?HTTP 协议是一种无状态的协议,只通过协议本身是无法识别出用户的。传统软件的做法是使用 Session 机制来保持用户会话,Session 机制通过在服务端的内存中保留一份用户的信息数据,然后在响应客户端请求的时候将此信息传递给浏览器,浏览器再以 Cookie 的形式保存在客户端本地,Cookie 信息会伴随着每个客户端请求传递到服务端,服务端再用此信息识别出用户身份。

然而，Session 机制对于 RESTful 服务来说有一些弊端。首先，有状态的服务会影响 RESTful 服务横向扩展的能力，不能简单地通过增加部署实例的方式增强服务性能；其次，Cookie 信息在传递的过程中可能会被恶意程序劫持，服务可能会受到 CSRF 攻击的威胁。

跨站请求伪造 (CSRF)，也被称为 one-click attack 或者 session riding，通常缩写为 CSRF 或者 XSRF，是一种挟制用户在当前已登录的 Web 应用程序上执行非本意的操作的攻击方法。

最适合 RESTful 服务的认证形式应该是一种无状态的协议，所以这里选择使用 JWT 作为服务的认证协议。JWT 是 JSONWeb Token 的简称，它是一种非常轻巧的认证协议，允许用户与服务器之间安全可靠的传递信息。简单来说，JWT 就是由服务器生成的一串经过加密并以 base64 编码的 Token 字符串，客户端在每次请求的请求头中都需要传递这个 Token，服务器在拿到 Token 之后就能识别用户的合法性。更多关于 JWT 的信息可以参见 https://tools.ietf.org/html/draft-ietf-oauth-json-web-token-32。

现在我们来编写 JWT 部分的逻辑，首先在 pom 文件中引入 JWT 模块的依赖。

```xml
<dependency>
    <groupId>io.jsonwebtoken</groupId>
    <artifactId>jjwt</artifactId>
    <version>0.6.0</version>
</dependency>
```

接着在 com.nauu.platform.utils 包路径下创建 TokenUtil 工具类，定义 createToken 方法，实现根据用户名创建一串 Token 字符串的功能，代码如下所示。

代码清单 7-10　TokenUtil 类

```java
public class TokenUtil {
    /**
     * 定义签名算法对象
     */
    private SignatureAlgorithm signatureAlgorithm;

    /**
```

```java
 * 定义密钥对象
 */
private Key secretKey;

public TokenUtil() {

    // 使用 SHA-512 和一串种子字符串生成密钥
    signatureAlgorithm = SignatureAlgorithm.HS512;
    String encodedKey =
            "asadad/6zandkandkdklaladlajdasjdlsadlsadldjlakhgfgv9Smce6t
            f4cJnvKOjttKPxNNnWQj+21QEScm3XIUjhW+YVZg==";
    secretKey = deserializeKey(encodedKey);
}

/**
 * 生成超时时间，默认为一天
 * @return Date
 */
private Date buildExpirationDate() {
    Calendar calendar = Calendar.getInstance();
    calendar.add(Calendar.HOUR_OF_DAY, 1);
    return calendar.getTime();
}

/**
 * 创建 Token
 * @param username
 * @return String
 */
public String createToken(String username) {

    // 通过传入的用户名和我们生成的私钥创建 Token 字符串
    String token = Jwts.builder().setSubject(username).
claim("roleNames", "NORMAL").
        setExpiration(buildExpirationDate()).signWith(getSignatureAlgorithm
            (),getSecretKey()).compact();
    return token;
}

private Key deserializeKey(String encodedKey) {
    byte[] decodedKey = Base64.decode(encodedKey);
    Key key = new SecretKeySpec(decodedKey, getSignatureAlgorithm().
getJcaName());
    return key;
}

private Key getSecretKey() {
    return secretKey;
```

```
    }

    private SignatureAlgorithm getSignatureAlgorithm() {
        return signatureAlgorithm;
    }

}
```

7.3.3 创建用户登录 RESTful 服务

首先，在 pom 文件中增加 Guava Cache 缓存服务的依赖。

```
<dependency>
    <groupId>com.google.guava</groupId>
    <artifactId>guava</artifactId>
    <version>18.0</version>
</dependency>
```

然后，在 AccountService 对象中增加 Guava Cache 缓存对象用来存储登录后的用户 Token 数据（后期再考虑使用分布式缓存）。

```
private int loginTimeout = 300;
private Cache<String, Account> users;

@PostConstruct
public void init() {
    users = CacheBuilder.newBuilder()
        .maximumSize(500)
        .expireAfterAccess(loginTimeout, TimeUnit.SECONDS).build();
}
```

接着，增加 login 登录方法，调用用户登录接口登录。

```
Account account = accountDao.authenticate(name, password);
```

根据用户名生成 Token 并写入缓存。

```
String token = tokenUtil.createToken(account.getUsername());
users.put(token, account);
```

有登录接口自然就需要有登出接口，所以还需要定义 logout 登出方法。记住，在用户登出的时候需要在缓存对象中销毁该用户对应的 Token 数据。

```
/**
```

```
 * 登出方法
 * @param token
 */
public void logout(String token) {

    // 首先根据 token 获取用户对象
    Account account = users.getIfPresent(token);

    // 如果用户对象为空，则表示该用户以及登出
    if (account == null) {
        logger.info("logout an alreay logout token:" + token);
    } else {

        // 如果不为空，则清除相应 token
        users.invalidate(token);
        logger.info("logout an token:" + token);
    }
}
```

最后，还需要定义一个根据 Token 获取对应用户信息的方法，代码如下所示。

```
/**
 * 根据 token 获取用户对象
 * @param token
 * @return
 */
public Account getLoginUser(String token) {

    // 如果用户对象为空，则表示该用户以及登出
    Account account = users.getIfPresent(token);

    // 如果用户不存在则抛出异常
    if (account == null) {
        throw new ServiceException("User doesn't login", ErrorCode.
            UNAUTHORIZED);
    }

    return account;
}
```

AccountService 完整代码如下所示。

代码清单 7-11　AccountService 类

```
@Service
public class AccountService {

    private static Logger logger = LoggerFactory.getLogger(AccountService.
```

```java
        class);

/**
 * 通过Spring注入AccountLDAPDao对象,
 * AccountLDAPDao负责LDAP用户的相关操作
 */
@Autowired
private AccountLDAPDao accountDao;

/**
 * 通过Spring注入IpaUserDao对象,
 * IpaUserDao负责维护Kerberos用户
 */
@Autowired
private IpaUserDao ipaDao;

/**
 * 通过Spring注入RangerUserDao对象,
 * RangerUserDao负责维护Ranger用户
 */
@Autowired
private RangerUserDao rangerUserDao;

/**
 * 新增用户
 * @param account
 */
public void add(Account account) {

    //聚合Kerberos和ranger用户服务,分别调用ipaDao和rangerUserDao的新增用户方法
    ipaDao.addUser(account);
    rangerUserDao.addUser(account);
}

/**
 * 查询所有用户
 * @return List<Account>
 */
public List<Account> findAll() {

    //直接调用findAll方法即可
    List<Account> list = accountDao.findAll("");
    return list;
}

/**
 * 根据用户名查询用户
 * @param name
```

```java
 * @return Account
 */
public Account get(String name) {

    Account account = accountDao.get(name);
    return account;
}


/**
 * 声明 Token 工具类，用于创建 Token
 */
private TokenUtil tokenUtil = new TokenUtil();

/**
 * 缓存时间默认 300 秒
 */
private int loginTimeout = 300;

/**
 * 用于缓存用户的缓存对象
 */
private Cache<String, Account> users;

/**
 * 在 Bean 对象初始化的时候，实例化用户缓存对象
 */
@PostConstruct
public void init() {
    users = CacheBuilder.newBuilder().maximumSize(500).expireAfterAccess
        (loginTimeout, TimeUnit.SECONDS).build();
}

/**
 * 登录服务
 * @param name
 * @param password
 * @return String
 */
public String login(String name, String password) {

    //通过传入的用户名和密码从 Ldap 验证用户的有效性
    Account account = accountDao.authenticate(name, password);

    //如果返回的用户对象为空，则抛出异常
    if (account == null) {
        throw new ServiceException("User do not exists Or WrongPassword", ErrorCode.
            UNAUTHORIZED);
```

```java
        }
        
        // 如果用户名和密码正确无误,则通过用户名创建 Token 字符串
        String token = tokenUtil.createToken(account.getUsername());
        
        // 缓存该用户的 Token 信息
        users.put(token, account);
        return token;
    }
    
    /**
     * 登出方法
     * @param token
     */
    public void logout(String token) {
        
        // 首先根据 token 获取用户对象
        Account account = users.getIfPresent(token);
        
        // 如果用户对象为空,则表示该用户已经登出
        if (account == null) {
            logger.info("logout an alreay logout token:" + token);
        } else {
            
            // 如果不为空,则清除相应 token
            users.invalidate(token);
            logger.info("logout an token:" + token);
        }
    }
    
    /**
     * 根据 token 获取用户对象
     * @param token
     * @return
     */
    public Account getLoginUser(String token) {
        
        // 如果用户对象为空,则表示该用户已经登出
        Account account = users.getIfPresent(token);
        
        // 如果用户不存在则抛出异常
        if (account == null) {
            throw new ServiceException("User doesn't login", ErrorCode.UNAUTHORIZED);
        }
        
        return account;
    }
}
```

现在可以开始编写端点部分的逻辑了，在 AccountEndPoint 类中增加 login 登录方法，资源访问路径为 /api/login，直接调用 AccountService 类的 login 方法即可。

```java
@RequestMapping(value = "/api/login")
public Map<String, String> login(@RequestParam("name") String name,
    @RequestParam("password") String password) {

    // 如果用户名或密码为空则抛出异常
    if (StringUtils.isEmpty(name) || StringUtils.isEmpty(password)) {
        throw new ServiceException("User or password empty", ErrorCode.
            BAD_REQUEST);
    }

    // 验证用户名和密码的有效性，如果有效则返回 Token. 如果无效则抛出异常
    String token = accountServcie.login(name, password);

    return Collections.singletonMap("token", token);
}
```

然后是登出方法，资源访问路径为 /api/logout，同样直接调用 AccountService 类的 logout 方法即可。

```java
@RequestMapping(value = "/api/accounts/logout")
public void logout(@RequestHeader(value = "Authorization", required = false) String token) {
    accountServcie.logout(token);
}
```

现在测试一下登录服务，使用 Kerberos 的 admin 用户，首先输入错误的密码。

```
curl -X POST -d "name=admin&password=2" http://localhost:8800/api/login

{
    "timestamp" : 1500004173521,
    "status" : 500,
    "error" : "Internal Server Error",
    "exception" : "com.nauu.platform.exception.ServiceException",
    "message" : "User do not exists Or Wrong Password",
    "path" : "/api/login"
}
```

由于密码不正确，所以服务返回了 500 错误。

接着我们输入正确的密码。

```
curl -X POST -d "name=admin&password=正确的密码" http://localhost:8800/api/login
```

```
{
    "token" : "eyJhbGciOiJIUzUxMiJ9.eyJzdWIiOiJhZG1pbiIsInJvbGVOYW1lcyI6Ik5
        PUk1BTCIsImV4cCI6MTUwMDAwNzkzNn0.-c1e61B-PPyJHiQSWKm
        ZkOZXkfiB4zZ8dTE-GQ7ISSCbc9kb-R3iGBCHK61L1ihs4kDVzfzeTsNgt7kj2PrBIg"
}
```

这一次登录成功了，同时在请求响应中返回了一串 Token 字符串。

7.3.4 认证过滤器

实现登录服务只是达成安全服务认证的第一步，程序还需要一种拦截机制来保护我们的 RESTful 服务，否则没有登录的客户端还是能够访问所有的端点服务，这显然是不对的。应该只允许携带合法 Token 信息的请求才能调用 RESTful 服务，那些没有携带 Token 信息的，或是 Token 失效的服务请求应该被阻止。

所以，现在开始实现用于认证的过滤器程序，过滤器会拦截以 /api/ 路径开头的所有服务请求，判断请求头中是否携带了 Token 信息，如果有 Token 信息，还需要进一步校验 Token 的合法性，只有校验通过的请求才能予以放行。

现在开始编写过滤器部分的逻辑，在 com.nauu.platform.service 包路径下创建 AuthenticationService 类，首先定义一个私有方法用于检验 Token 的有效性，这里只是简单检查了 Token 是否为空，如果想要做得更好，应该通过 JWT 算法检查 Token 的有效性。

```
private void checkToken(String token) {
    if (token == null) {
        throw new ServiceException("No token in request", ErrorCode.UNAUTHORIZED);
    }
}
```

接着定义 check 方法，在方法内调用 checkToken 校验 Token 的合法性。

```
public Account check(String token){
    checkToken(token);
```

之后调用 AccountService 类的 getLoginUser 方法，通过 Token 获取用户对象，如果有对应的用户对象则成功返回，否则抛出异常。

```
Account account = accountService.getLoginUser(token);
    if (account == null) {
        throw new ServiceException("User doesn't login", ErrorCode.UNAUTHORIZED);
    }
    return account;
```

AuthenticationService 完整代码如下所示。

代码清单 7-12　AuthenticationService 类

```
@Service
public class AuthenticationService {

    /**
     * 通过 Spring 注入 AccountService 对象
     */
    @Autowired
    private AccountService accountService;

    /**
     * 检查 Token 有效性
     * @param token
     * @return
     */
    public Account check(String token){

        // 判断 token 是否为空
        checkToken(token);

        // 根据 Token 获取用户对象并返回,如果为空则抛出异常
        Account account = accountService.getLoginUser(token);
        if (account == null) {
            throw new ServiceException("User doesn't login", ErrorCode.UNAUTHORIZED);
        }
        return account;
    }

    private void checkToken(String token) {
        if (token == null) {
            throw new ServiceException("No token in request", ErrorCode.
                UNAUTHORIZED);
        }
    }
}
```

然后,在 com.nauu.platform.filter 包路径下创建 AuthenticateFilter 类。过滤器的

作用是为我们的 RESTful 服务提供一层防护机制，拦截未登录的请求。

AuthenticateFilter 需要实现 javax.servlet.Filter 接口，并覆盖 doFilter 方法。

通过约定，我们将合法的 Token 信息放在请求头中进行传递，所以首先从请求头中的 Authorization 属性获取 Token。

```java
@Override
public void doFilter(ServletRequest request, ServletResponse response,
        FilterChain chain) throws IOException, ServletException {

    HttpServletRequest httpServletRequest = (HttpServletRequest)request;

    String token = httpServletRequest.getHeader("Authorization");
```

接着，调用 AuthenticationService 的 check 方法校验 Token，如果校验通过则成功放行请求，否则返回异常。

```java
try {
            authentication.check(token);
    } catch (Exception e) {
            e.printStackTrace();
            HttpServletResponse httpResponse = (HttpServletResponse) response;
            httpResponse.setCharacterEncoding("UTF-8");
            httpResponse.setContentType("application/json; charset=utf-8");
            httpResponse.setStatus(HttpServletResponse.SC_UNAUTHORIZED);

            Map<String, String> error = new HashMap<String, String>();
            error.put("code", ""+ErrorCode.UNAUTHORIZED);
            error.put("message", e.getMessage());

            ObjectMapper mapper = JSONMapper.getMapper();
            httpResponse.getWriter().write(mapper.writeValueAsString(error));
            return;
    }

    chain.doFilter(request, response);
```

AuthenticateFilter 完整代码如下所示。

代码清单 7-13　AuthenticateFilter 类

```java
public class AuthenticateFilter implements Filter{

    private static Logger logger = LoggerFactory.getLogger(AuthenticateFilter.class);
```

```java
/**
 * 通过 Spring 注入认证服务对象
 */
@Autowired
private AuthenticationService authentication;

/**
 * 初始化 Spring 的容器注入，否则在过滤器中使用依赖注入会抛出异常
 */
@Override
public void init(FilterConfig filterConfig) throws ServletException {
    SpringBeanAutowiringSupport.processInjectionBasedOnServletContext(this,
        filterConfig.getServletContext());
}

/**
 * 过滤器的处理逻辑
 */
@Override
public void doFilter(ServletRequest request, ServletResponse response,
        FilterChain chain) throws IOException, ServletException {

    HttpServletRequest httpServletRequest = (HttpServletRequest)request;

    //首先从 Header 中取出 Token 字符串
    String token = httpServletRequest.getHeader("Authorization");
    logger.info("token 认证 "+token);

    try {
        //通过认证服务的 check 方法检查 Token 的有效性，如果不合法则抛出异常并返回 401 状态码
        authentication.check(token);
    } catch (Exception e) {
        e.printStackTrace();
        HttpServletResponse httpResponse = (HttpServletResponse) response;
        httpResponse.setCharacterEncoding("UTF-8");
        httpResponse.setContentType("application/json; charset=utf-8");
        httpResponse.setStatus(HttpServletResponse.SC_UNAUTHORIZED);

        Map<String, String> error = new HashMap<String, String>();
        error.put("code", ""+ErrorCode.UNAUTHORIZED);
        error.put("message", e.getMessage());

        ObjectMapper mapper = JSONMapper.getMapper();
        httpResponse.getWriter().write(mapper.writeValueAsString(error));
        return;
    }

    chain.doFilter(request, response);
```

            }
    }

至此，过滤器部分的程序逻辑就告一段落了。接下来需要在启动程序中添加过滤器，在 BootApplication 中定义添加 AuthenticateFilter，并配置需要拦截的 URL 路径。

```java
@Bean
public FilterRegistrationBean authenticateFilterRegistrationBean(){
        // 实例化过滤器注册对象，并将我们的 AuthenticateFilter 设置进去
        FilterRegistrationBean registrationBean = new FilterRegistrationBean();
        AuthenticateFilter authenticateFilter = new AuthenticateFilter();
        registrationBean.setFilter(authenticateFilter);

        // 根据实际需求，声明需要拦截的服务路径.
        List<String> urlPatterns = new ArrayList<String>();

        // 此处声明了用户服务的路径
        urlPatterns.add("/api/accounts/*");

        registrationBean.setUrlPatterns(urlPatterns);
        return registrationBean;
}
```

7.3.5 测试服务安全认证

现在重启服务，测试一下安全认证的效果，首先在不携带 Token 的情况下访问用户查询的 RESTful 服务。

```
curl http://localhost:8800/api/accounts/list

{"message":"No token in request","code":"UNAUTHORIZED"}
```

由于没有 Token，所以返回了未认证异常。

现在调用用户登录服务，登录成功之后服务返回了 Token 信息。

```
curl -X POST --data "name=admin&password=密码" http://localhost:8800/api/login
{
    "token" : "eyJhbGciOiJIUzUxMiJ9.eyJzdWIiOiJhZG1pbiIsInJvbGVOYW1lcyI6Ik5PUk
        1BTCIsImV4cCI6MTUwMDAyNjU1NH0.jY3tJ7CvRWQrURA4bQgtp04M4abrm8dgJNwYTQDX
```

```
            heZcr4wPMw450pMuE8h_dUozrScxdHHqIaj_gl-2QiPxpw"
}
```

然后在请求头中增加刚才拿到的 Token 信息并再次调用用户查询服务。

```
curl --header "Authorization:eyJhbGciOiJIUzUxMiJ9.eyJzdWIiOiJhZG1pbiIsInJvb
    GVOYW11cyI6Ik5PUk1BTCIsImV4cCI6MTUwMDAyNjcyMX0.EEe-_PAJGfD1KxFPgk6bVs9nRi
    6eI3MckpBVtPcvkSNhQ21XhHEpnU3wIipvTK2NarlIEtXS17tYzVV-OpybQQ" http://
    localhost:8800/api/accounts/list
[ {
    "id" : "uid=admin",
    "username" : "admin",
    "password" : null,
    "realname" : "Administrator"
}, {
    "id" : "uid=ambari-qa-my_cluster",
    "username" : "ambari-qa-my_cluster",
    "password" : null,
    "realname" : "ambari-qa-my_cluster"
}, {
    "id" : "uid=hdfs-my_cluster",
    "username" : "hdfs-my_cluster",
    "password" : null,
    "realname" : "hdfs-my_cluster"
}, {
    "id" : "uid=hbase-my_cluster",
    "username" : "hbase-my_cluster",
    "password" : null,
    "realname" : "hbase-my_cluster"
}, {
    "id" : "uid=spark-my_cluster",
    "username" : "spark-my_cluster",
    "password" : null,
    "realname" : "spark-my_cluster"
}, {
    "id" : "uid=zeppelin-my_cluster",
    "username" : "zeppelin-my_cluster",
    "password" : null,
    "realname" : "zeppelin-my_cluster"
}, {
    "id" : "uid=ambari-server-my_cluster",
    "username" : "ambari-server-my_cluster",
    "password" : null,
    "realname" : "ambari-server-my_cluster"
} ]
```

在携带合法 Token 之后，服务请求如愿地返回了数据。至此，整个 RESTful 服务的安全认证功能就算完成了。

7.4 数据仓库数据查询

数据仓库系统在企业级架构中已存在多年，主要用于对历史数据进行 OLAP 处理。传统技术通常使用关系型数据库作为数据仓库系统的存储载体，而在我们的大数据平台中，会使用 Hive 来构建企业级数据仓库系统。业务系统会通过 ETL 过程将各种各样的业务数据加载到 Hive 数据仓库中保存下来。

OLAP 是 On-Line Analytical Processing 的简称，意为联机事务处理。此概念最早由关系数据库之父 Codd 于 1993 年提出。与 OLTP 主要处理事务性操作有所不同，OLAP 主要面对数据分析场景，它使分析人员或管理人员能够以多维的角度观察数据，对数据进行分析。

ETL 是 Extract-Transform-Load 的简称，意为抽取—转换—加载，是数据仓库系统不可或缺的一环。数据仓库需要通过 ETL 过程将外部业务数据加载到自己内部进行存储。

Hive 可以说是大数据时代下，关系型数据库数据仓库系统的替代者，所以它们从逻辑上也支持关系型数据模型，并且使用 SQL 作为它的查询语言，同时它还支持 JDBC 标准协议。现在就开始编写一套基于 SQL 语言的数据查询服务。

7.4.1 创建 JDBC 连接

首先在 pom 文件中加入 Hive 的 JDBC 驱动依赖。

```
<dependency>
    <groupId>org.apache.hive</groupId>
    <artifactId>hive-jdbc</artifactId>
    <exclusions>
        <exclusion>
            <groupId>javax.servlet</groupId>
            <artifactId>servlet-api</artifactId>
        </exclusion>
```

```xml
        <exclusion>
            <groupId>org.eclipse.jetty.aggregate</groupId>
            <artifactId>jetty-all</artifactId>
        </exclusion>
    </exclusions>
<version>1.2.1</version>
</dependency>
```

然后在 com.nauu.platform.utils 包路径下创建 ConnectionsManager 类，用于管理 JDBC 连接，此处代码没有使用连接池设计，各位读者可以在此基础上进一步优化，代码如下所示。

代码清单 7-14　ConnectionsManager 类

```java
public class ConnectionsManager {

    static {

        // 在静态块中加载 hive 驱动的 Class 类
        String driverName = "org.apache.hive.jdbc.HiveDriver";
        try {
            Class.forName(driverName);
        } catch (ClassNotFoundException e) {
            e.printStackTrace();
        }

    }

    /**
     * 通过 url 返回数据库连接
     * @param url
     * @return
     * @throws SQLException
     */
    public static Connection getConnection(String url) throws SQLException{
        //TODO 为了更好的性能，此处应该使用连接池

        // 使用 Java 标准的 DriverManager 获取连接
        Connection con = DriverManager.getConnection(url, "", "");
        return con;
    }

}
```

接着在 com.nauu.platform.repository 包路径下创建 ThriftyServerDao 类并封装查

询的相关逻辑。由于目前 Hive 已经使用 Kerberos 进行认证，所以我们的程序在调用查询接口之前需要进行 Kerberos 登录。

7.4.2 Kerberos 登录

首先，程序需要一份 Kerberos 的配置文件，可以从 IPA-Client 的服务器上下载一份，文件路径是 /etc/krb5.conf。此配置中声明了 KDC 的地址和域等相关信息。

```
#IPA-Server 的域
[domain_realm]
    testcluster.com = TESTCLUSTER.COM

# 各种日志存放的路径
[logging]
    default = FILE:/var/log/krb5kdc.log
    admin_server = FILE:/var/log/kadmind.log
    kdc = FILE:/var/log/krb5kdc.log

[realms]
    TESTCLUSTER.COM = {
        admin_server = kdc 地址
        kdc = kdc 地址
    }
```

然后通过系统变量设置 Kerberos 的环境变量。

```
System.setProperty("java.security.krb5.conf", krb5Conf);
```

接着实例化一个 Hadoop Configuration 对象实例，并设置认证类型为 Kerberos。

```
Configuration conf = new Configuration();
conf.set("hadoop.security.authentication", "Kerberos");
```

最后使用 UserGroupInformation 对象，通过 Kerberos 用户名和 Keytab 文件进行登录，这样一来程序就能访问 Kerberos 背后的服务了。

```
UserGroupInformation.setConfiguration(conf);
UserGroupInformation.
    loginUserFromKeytab("testnauu2@TESTCLUSTER.COM","testnauu2.keytab");
```

7.4.3 使用 JDBC 协议查询

在我们的大数据平台中，可以选择 Spark SQL 来代替 Hive 作为数据仓库的底层实现。因为 Spark SQL 目前已经兼容 Hive 大部分的 Schema 和查询语法，它只需借助 Hive 的元数据存储，而底层的查询引擎全部使用 Spark 自身实现。我们完全可以使用 Hive 的语法来操作 Spark SQL，同时又能获得 Spark 带来的各种便利和性能上巨大的提升。和 Hive 一样，Spark 也提供了一个用于查询的 ThriftyServer，可以通过 JDBC 协议连接到这个查询服务。

在默认的情况下，JDBC 的 URL 地址是 jdbc:hive2://spark 的 ThriftyServer 地址：10015，但是现在 Hive 和 Spark 都用上了 Kerberos 认证，所以还需要在 URL 末尾加上 Hive 的 Kerberos 用户，完整的 URL 如下：jdbc:hive2://spark 的 ThriftyServer 地址：10015/；principal=hive/@TESTCLUSTER.COM

现在通过标准的 JDBC 接口执行 SQL 查询语句并返回游标对象。

```
Connection con = ConnectionsManager.getConnection(url);
Statement stmt = con.createStatement();
ResultSet rs = stmt.executeQuery(querySql);
```

通过游标对象获取元数据，根据元数据信息封装查询的结果集。

```
ResultSetMetaData metaData = rs.getMetaData();
int columnCount = metaData.getColumnCount();
while (rs.next()) {
    Map<String, String> map = new HashMap<>();
    for (int i = 1; i <= columnCount; i++){
        String name = metaData.getColumnName(i);
        map.put(name, rs.getString(name));
    }
    list.add(map);
}
```

ThriftyServerDao 的完整代码如下所示。

代码清单 7-15　ThriftyServerDao 类

```
@Repository
public class ThriftyServerDao{

    private static Logger logger = LoggerFactory.getLogger(ThriftyServerDao.class);

    /**
    * 注入 JDBC 模板对象
    */
```

```java
@Autowired
private JdbcTemplate jdbcTemplate;

/**
 * Spark thrift 服务的 url 地址
 */
@Value("${spark.thrift.datasource.url}")
private String url;

/**
 * 用于登录 Kerberos 用户的 keytab 文件路径
 */
@Value("${ipa.keytabs.path}")
private String keytabPath;

/**
 * Kerberos key 分发中心服务的配置文件地址
 */
@Value("${ipa.krb5.conf}")
private String krb5Conf;

/**
 * 用于登录的 Kerberos 用户名
 */
@Value("${ipa.user}")
private String ipaUser;

/**
 * ipa-server 的域
 */
@Value("${ipa.domain}")
private String ipaDomain;

public void init() throws IOException{

    // 实例化一个 Hadoop 的配置对象
    Configuration conf = new Configuration();
    // 在系统变量中加入 Kerberos KDC 的配置文件
    System.setProperty("java.security.krb5.conf", krb5Conf);
    // 声明使用 Kerberos 认证协议
    conf.set("hadoop.security.authentication", "Kerberos");

    // 通过 Kerberos 用户名和 keytab 文件登录
    UserGroupInformation.setConfiguration(conf);
    UserGroupInformation.loginUserFromKeytab(ipaUser+"@"+ipaDomain,keytabPath+"/sixs
        hot.keytab");
}
```

```java
/**
 * 查询接口
 * @param sql
 * @return
 * @throws IOException
 */
public List<Map<String, String>> query(String sql) throws IOException{

    //调用 init 方法，进行 Kerberos 登录动作
    init();

    logger.info("sql: "+sql);

    List<Map<String, String>> list = new ArrayList<>();

    String querySql= sql;
    logger.info("querySql: "+querySql);
    System.out.println("querySql: "+querySql);

    Connection con = null;
    try {

        //使用标准的 JDBC 协议查询数据
        con = ConnectionsManager.getConnection(url);

        Statement stmt = con.createStatement();

        //通过游标对象返回结果集
        ResultSet rs = stmt.executeQuery(querySql);
        ResultSetMetaData metaData = rs.getMetaData();
        int columnCount = metaData.getColumnCount();

        //使用 Map 对象封装结果集
        while (rs.next()) {

            Map<String, String> map = new HashMap<>();
            for (int i = 1; i <= columnCount; i++){

                String name = metaData.getColumnName(i);
                map.put(name, rs.getString(name));
            }
            list.add(map);
        }
    } catch (SQLException e) {
        e.printStackTrace();
        Map<String, String> map = new HashMap<>();
        map.put("error", e.getMessage());
        list.add(map);
```

```
            }finally{
                if(con != null){
                    try {
                        con.close();
                    } catch (SQLException e) {
                        e.printStackTrace();
                    }
                }
            }
            return list;
    }

}
```

7.4.4 实现服务层与 RESTful 服务

ThriftyServerDao 的服务层十分简单，只需新建一个 SparkService 类，然后简单地将 query 接口包装一层就可以了，所以此处不再赘述，完整代码如下所示。

代码清单 7-16　SparkService 类

```
@Service
public class SparkService{

    /**
     * 注入 ThriftyServerDao 对象
     */
    @Resource
    private ThriftyServerDao thriftyServerDao;

    /**
     * 根据 sql 查询数据
     * @param sql
     * @return
     * @throws IOException
     */
    public List<Map<String, String>> thriftyQuery(String sql) throws IOException {

        return thriftyServerDao.query(sql);
    }
}
```

接着编写 RESTful，创建 DatabaseEndPoint 对象并定义 query 方法，服务路径为 /api/database/query。

```java
@RestController
public class DatabaseEndPoint {

    @RequestMapping(value = "/api/database/query")
    public List<Map<String,String>> query(@RequestParam("sql") String sql)
throws IOException {

        return sparkService.thriftyQuery(sql);
    }
}
```

至此，查询服务的逻辑就基本写完了，接下来测试一下查询接口。

7.4.5　测试查询

在数据仓库中有一张名为 test_table 的测试表，通过 /database/query 服务查询此表。

```
curl  --header \
"Authorization:eyJhbGciOiJIUzUxMiJ9.eyJzdWIiOiJhZG1pbiIsInJvbGVOYW1lcyI6Ik
    5PUk1BTCIsImV4cCI6MTUwMDI1OTk3MX0.p0VgqKkD0wfPpZ78c5FDLmukVtVi4JO-1Rg6jSCe
    7pX1uZSgYYKBz4AZNb8N-Jj5BYJNpIbVx4xMu6BS8J7XvQ"  \
--data "sql=select * from test_table limit 5" \
http://localhost:8800/api/database/query

[ {
    "col1" : "测试字段 11",
    "col2" : "测试字段 12",
    "col3" : "测试字段 13",
    "col4" : "测试字段 14"
}, {
    "col1" : "测试字段 21",
    "col2" : "测试字段 22",
    "col3" : "测试字段 23",
    "col4" : "测试字段 24"
}, {
    "col1" : "测试字段 31",
    "col2" : "测试字段 32",
    "col3" : "测试字段 33",
    "col4" : "测试字段 34"
}, {
    "col1" : "测试字段 41",
    "col2" : "测试字段 42",
    "col3" : "测试字段 43",
    "col4" : "测试字段 44"
},{
    "col1" : "测试字段 51",
    "col2" : "测试字段 52",
```

```
        "col3" : "测试字段 53",
        "col4" : "测试字段 54"
} ]
```

可以看到查询服务如愿地返回了 5 条数据。

7.5　数据仓库元数据查询

数据仓库查询服务不仅需要提供对数据的查询能力，同时也要提供对其元数据的查询能力，包括查询数据仓库中数据库的列表、表的列表以及表的字段。

7.5.1　使用 query 服务查询数仓元数据

现在尝试直接使用刚才的 query 服务执行 show databases 命令。

```
curl  --header \
"Authorization:eyJhbGciOiJIUzUxMiJ9.eyJzdWIiOiJhZG1pbiIsInJvbGVOYW1lcyI6Ik
    5PUk1BTCIsImV4cCI6MTUwMDI1OTk3MX0.p0VgqKkD0wfPpZ78c5FDLmukVtVi4JO-lRg6jSCe
    7pX1uZSgYYKBz4AZNb8N-Jj5BYJNpIbVx4xMu6BS8J7XvQ"  \
--data "sql=show databases" \
http://localhost:8800/api/database/query

[ {
    "result" : "default"
}, {
    "result" : "test1"
}, {
    "result" : "test2"
} ]
```

query 服务也支持查看数据库的列表，可以看到目前数据仓库中有 3 个数据库。

现在执行 show tables 命令，可以看到在 default 数据库中有 4 张表。

```
curl  --header \
"Authorization:eyJhbGciOiJIUzUxMiJ9.eyJzdWIiOiJhZG1pbiIsInJvbGVOYW1lcyI6Ik
    5PUk1BTCIsImV4cCI6MTUwMDI1OTk3MX0.p0VgqKkD0wfPpZ78c5FDLmukVtVi4JO-lRg6jSCe
    7pX1uZSgYYKBz4AZNb8N-Jj5BYJNpIbVx4xMu6BS8J7XvQ"  \
--data "sql=show tables" \
http://localhost:8800/api/database/query

[ {
```

```
    "isTemporary" : "false",
    "tableName" : "test_table"
}, {
    "isTemporary" : "false",
    "tableName" : "test_table1"
}, {
    "isTemporary" : "false",
    "tableName" : "test_table2"
},{
    "isTemporary" : "false",
    "tableName" : "test_table3"
} ]
```

看上去 query 接口似乎已经能够满足查询数据库元数据的需求了,现在通过 show tables like 语法查询指定数据库的 Table 列表。

```
curl  --header \
"Authorization:eyJhbGciOiJIUzUxMiJ9.eyJzdWIiOiJhZG1pbiIsInJvbGVOYW1lcyI6Ik5
    PUk1BTCIsImV4cCI6MTUwMDI1OTk3MX0.p0VgqKkD0wfPpZ78c5FDLmukVtVi4JO-lRg6jSC
    e7pX1uZSgYYKBz4AZNb8N-Jj5BYJNpIbVx4xMu6BS8J7XvQ"  \
--data "sql=show tables like test1*'" \
http://localhost:8800/api/database/query

[ {
    "error" : "java.lang.RuntimeException: [1.13] failure: ``in'' expected but
        identifier like found\n\nshow tables like 'archivingjc*'\n            ^"
} ]
```

结果发生了异常,非常遗憾的是目前 Spark SQL 还不支持 how tables like 的查询语法,那怎样实现这个功能呢?

7.5.2　引入 JdbcTemplate 模块

Hive 虽然是 Hadoop 技术体系下的数据仓库,其设计思路是使用分布式文件进行存储与计算,但它还是需要借助关系型数据库来存储元数据的。我们可以通过 JDBC 协议查询 Hive 的元数据表来实现元数据查询的功能,这里使用 Spring 提供的 JdbcTemplate 模板对象执行 SQL 查询,打开 pom 文件引入 Spring Boot 的 JDBC 起步依赖。

```
<dependency>
    <groupId>org.springframework.boot</groupId>
    <artifactId>spring-boot-starter-jdbc</artifactId>
</dependency>
```

7.5.3 增加 Hive 元数据库配置

由于需要使用 JDBC 直连 Hive 的元数据库，所以还需要一份相应的 Spring 数据源配置。在 com.nauu.platform.config 包路径下创建 HiveDataSourceConfiguration 类，其代码如下所示。

代码清单 7-17　HiveDataSourceConfiguration 类

```
@Configuration
public class HiveDataSourceConfiguration {

    @Bean
    @ConfigurationProperties(prefix="hive.meta.datasource")
    public DataSource hiveMetaDataSource() {
        return DataSourceBuilder.create().build();
    }
}
```

这段数据源配置会从 application.properties 文件中读取以 hive.meta.datasource 开头的相应属性值，所以需要在 application.properties 文件中增加如下配置属性。

```
# 元数据数据库驱动（此处使用的mysql数据库）
hive.meta.datasource.driverClassName=com.mysql.jdbc.Driver

# 元数据数据库url
hive.meta.datasource.url=jdbc:mysql://hive元数据库地址:3306/hive?createDatabas
    eIfNotExist=true
# 元数据数据库用户名
hive.meta.datasource.username=hive
# 元数据数据库密码
hive.meta.datasource.password=密码
# 连接池最大空闲的连接数
hive.meta.datasource.max-idle=100
# 连接最大的等待时间
hive.meta.datasource.max-wait=100000
# 连接池最小空闲的连接数
hive.meta.datasource.min-idle=5
# 连接池初始化的连接数
hive.meta.datasource.initial-size=5
# 用于验证连接有效性的查询语句
hive.meta.datasource.validation-query=SELECT 1
# 开启慢查询报告，报告那些查询时间大于1秒的查询
hive.meta.datasource.jdbc-interceptors=ConnectionState;SlowQueryReport(threshold=1000)
```

7.5.4 实现元数据持久层

Hive 使用 Dbs、Tbls 和 COLUMNS_V2 三张表分别存储数据库、表和表的列字段数据，在 com.nauu.platform.bean 包路径下创建 3 张表的对应 Bean 类。

首先是 Dbs 类，代码如下所示。

代码清单 7-18　Dbs 类

```java
public class Dbs {

    /**
     * 数据仓库中数据库的 id
     */
    private Integer id;

    /**
     * 数据库名称
     */
    private String name;
    public Dbs(Integer id, String name) {
        this.id = id;
        this.name = name;
    }

}
```

接着是 Tbls 类，代码如下所示。

代码清单 7-19　Tbls 类

```java
public class Tbls {
    /**
     * 数据仓库中表的 id
     */
    private Long id;

    /**
     * 所属数据库 id
     */
    private Integer pId;

    /**
     * 表名称
     */
    private String name;
```

```java
    private Boolean isParent;

    public Tbls(Long id, String name) {
        this.id = id;
        this.name = name;
    }
}
```

最后是 Cols 类，代码如下所示。

代码清单 7-20　Cols 类

```java
public class Cols {
    /**
     * 字段 id
     */
    private Long id;

    /**
     * 所属表的表 id
     */
    private Integer pId;

    /**
     * 字段名称
     */
    private String colName;

    /**
     * 字段类型
     */
    private String typeName;

    public Cols(Long id, Integer pId, String colName, String typeName) {
        this.id = id;
        this.pId = pId;
        this.colName = colName;
        this.typeName = typeName;
    }
}
```

现在创建持久层对象，在 com.nauu.platform.repository 包路径下创建 HiveMetaDao 类。首先实现查询数据库的方法，执行 SELECT DB_ID,NAME FROM DBS 查询数据库

的信息,并将结果集封装到 Dbs 对象。

```
return jdbcTemplate.query("SELECT DB_ID,NAME FROM DBS" ,new RowMapper<Dbs>() {

    @Override
    public Dbs mapRow(ResultSet rs, int index) throws SQLException {
        Dbs tbls = new Dbs(rs.getInt(1),rs.getString(2));
            return tbls;
    }
});
```

接着执行 SELECT TBL_ID AS id,TBL_NAME AS name FROM TBLS WHERE DB_ID = ? 语句,实现根据数据库 ID 查询表的方法,最后将结果集封装到 Tbls 对象。

```
return jdbcTemplate.query("SELECT TBL_ID AS id,TBL_NAME AS name FROM TBLS WHERE
    DB_ID = ?", new Object[]{id},new RowMapper<Tbls>() {

    @Override
    public Tbls mapRow(ResultSet rs, int index) throws SQLException {
        Tbls tbls = new Tbls(rs.getLong(1),rs.getString(2));
        return tbls;
    }
});
```

最后执行 SELECT A.COLUMN_NAME,A.TYPE_NAME,B.TBL_ID AS pId FROM COLUMNS_V2 A,TBLS B WHERE C.SD_ID = B.SD_ID 语句,实现根据表 ID 查询表字段和类型的方法,最后将结果集封装到 Cols 对象。

```
StringBuilder buf = new StringBuilder("SELECT A.COLUMN_NAME,A.TYPE_NAME,B.TBL_ID
    AS pId FROM  COLUMNS_V2 A,TBLS B WHERE C.SD_ID = B.SD_ID AND B.TBL_ID IN (");
for(int i = 0; i < ids.size(); i++) {
    if (i > 0) buf.append(",");
    buf.append(ids.get(i));
}
buf.append(")");

return jdbcTemplate.query(buf.toString(),new RowMapper<Cols>() {

    @Override
    public Cols mapRow(ResultSet rs, int index) throws SQLException {
        Cols cols = new Cols(new Date().getTime(),rs.getInt(3),rs.getString(1),
            rs.getString(2));
        return cols;
    }
});
```

HiveMetaDao 对象完整代码如下所示。

代码清单 7-21　HiveMetaDao 类

```java
@Repository
public class HiveMetaDao{

    private static Logger logger = LoggerFactory.getLogger(HiveMetaDao.class);

    /**
     * 注入jdbc模板对象
     */
    @Autowired
    private JdbcTemplate jdbcTemplate;

    /**
     * 注入元数据的DataSource数据源对象
     */
    @Resource
    private DataSource hiveMetaDataSource;

    /**
     * 查询所有数据库
     * @return
     */
    public List<Dbs> listDatabase(){

        //由于系统存在多个数据源，所以首选将jdbcTemplate的数据源切换到元数据库的
        //jdbcTemplate.setDataSource(hiveMetaDataSource);

        //查询sql,并通过回调函数封装结果集
        return jdbcTemplate.query("SELECT DB_ID,NAME FROM DBS" ,new RowMapper<Dbs>() {

            @Override
            public Dbs mapRow(ResultSet rs, int index) throws SQLException {
                Dbs tbls = new Dbs(rs.getInt(1),rs.getString(2));
                return tbls;
            }
        });
    }

    /**
     * 根据数据库id,查询该数据下的所有表
     * @param id
     * @return
     */
```

```java
public List<Tbls> listTables(Long id){

    logger.info("id is : "+id);

    // 由于系统存在多个数据源,所以首选将jdbcTemplate的数据源切换到元数据库的
    // jdbcTemplate.setDataSource(hiveMetaDataSource);

    // 查询sql,并通过回调函数封装结果集
    return jdbcTemplate.query("SELECT TBL_ID AS id,TBL_NAME AS nameFROM
        TBLS WHERE DB_ID = ?", new Object[]{id},new RowMapper<Tbls>() {

            @Override
            public Tbls mapRow(ResultSet rs, int index) throws SQLException {
                Tbls tbls = new Tbls(rs.getLong(1),rs.getString(2));
                return tbls;
            }
    });
}

/**
 * 根据指定的表id,查询其字段信息
 * @param ids
 * @return
 */
public List<Cols> listTableCols(List<Long> ids){

    logger.info("ids are : "+ids);

    // 由于系统存在多个数据源,所以首选将jdbcTemplate的数据源切换到元数据库的
    // jdbcTemplate.setDataSource(hiveMetaDataSource);

    StringBuilder buf = new StringBuilder("SELECT A.COLUMN_NAME,A.TYPE_NAME,
        B.TBL_ID AS pId FROM   COLUMNS_V2 A,TBLS B , SDS C WHERE C.SD_ID = B.SD_ID
        AND A.CD_ID = C.CD_ID AND B.TBL_ID IN (");
    for(int i = 0; i < ids.size(); i++) {
        if (i > 0) buf.append(",");
        buf.append(ids.get(i));
    }
    buf.append(")");

    // 查询sql,并通过回调函数封装结果集
    return jdbcTemplate.query(buf.toString(),new RowMapper<Cols>() {

            @Override
            public Cols mapRow(ResultSet rs, int index) throws SQLException {
                Cols cols = new Cols(new Date().getTime(),rs.getInt(3),rs.
                    getString(1),rs.getString(2));
```

```
                    return cols;
                }
            });
        }
    }
```

7.5.5 实现元数据服务层与 RESTful 服务

现在编写服务层，在 com.nauu.platform.service 包路径下创建 HiveMetaService 类，并定义 listDatabase 和 listTablesTree 两个方法。listDatabase 方法顾名思义，是查询数据库的接口，而 listTablesTree 则是根据数据库 ID 返回表数据，同时还会附带返回每张表的字段信息，从而共同组成一个树形的数据结构返回，HiveMetaService 代码如下所示。

代码清单 7-22　HiveMetaService 类

```
@Service
public class HiveMetaService{

    /**
     * 注入数据仓库元数据持久对象
     */
    @Autowired
    private HiveMetaDao hiveMetaDao;

    /**
     * 查询数据仓库中所有的数据库
     * @return List<Dbs>
     */
    public List<Dbs> listDatabase(){

        return hiveMetaDao.listDatabase();
    }

    /**
     * 根据数据库 id，返回该数据库下的所有表信息及其表字段信息，并拼装成属性数据结构
     * @param id
     * @return List<Tbls>
     */
    public List<Tbls> listTablesTree(Long id){

        // 根据数据库 id 返回该数据库下的所有表数据
```

```java
            List<Tbls> tbls = hiveMetaDao.listTables(id);

            // 遍历所有表对象，将其设置为父节点
            List<Long> ids = new ArrayList<>();
            for (Tbls tbl : tbls) {
                tbl.setIsParent(true);
                tbl.setpId(0);
                ids.add(tbl.getId());
            }

            if(!ids.isEmpty()){
                // 根据数据库 id,返回表字段信息
                List<Cols> cols = hiveMetaDao.listTableCols(ids);
                for (Cols col : cols) {
                    Tbls tbls2 = new Tbls(new Date().getTime(), col.getColName()
                        + "["+col.getTypeName()+"]");
                    tbls2.setpId(col.getpId());
                    tbls.add(tbls2);
                }
            }

            return tbls;
    }
}
```

服务层写好之后就可以开始编写 RESTful 接口了，在 DatabaseEndPoint 类中增加查询数据库和数据库表的接口。

```java
@Resource
private HiveMetaService hiveMetaService;

@RequestMapping(value = "/api/database/dbs")
public List<Dbs> listDbs() {

    List<Dbs> it = hiveMetaService.listDatabase();
    return it;
}

@RequestMapping(value = "/api/database/{id}")
public List<Tbls> listTlbs(@PathVariable("id") Long id) {

    List<Tbls> it = hiveMetaService.listTablesTree(id);
    return it;
}
```

7.5.6 测试元数据查询

现在开始测试元数据的 RESTful 服务，首先调用查询数据库列表的服务。

```
curl --header \
> "Authorization:eyJhbGciOiJIUzUxMiJ9.eyJzdWIiOiJhZG1pbiIsInJvbGVOYW1lcyI6Ik5PUk1B
    TCIsImV4cCI6MTUwMDYyMzQ5Mn0.UBzD0bwTIG0sRS93XcnJiKU8z0NOLwedTF1sFO-0_oQP4ff-
    Dn0bOaHMrrJVv66RpYwdu_xZ3a5_cKTiFV-7H1Q" \
> --data "'" \
> http://localhost:8800/api/database/dbs
[ {
    "id" : 1,
    "name" : "default"
},{
    "id" : 2,
    "name" : "test1"
},{
    "id" : 3,
    "name" : "test2"
} ]
```

接着，调用根据数据库 id 查询数据库表的服务。

```
curl --header \
> "Authorization:eyJhbGciOiJIUzUxMiJ9.eyJzdWIiOiJhZG1pbiIsInJvbGVOYW1lcyI6Ik5PU
    k1BTCIsImV4cCI6MTUwMDYyMzQ5Mn0.UBzD0bwTIG0sRS93XcnJiKU8z0NOLwedTF1sFO-0_oQP4ffDn-
    0bOaHMrrJVv66RpYwdu_xZ3a5_cKTiFV-7H1Q" \
> --data "'" \
> http://localhost:8800/api/database/1
[ {
    "id" : 1,
    "pId" : 0,
    "isParent" : true,
    "name" : "test_table"
}, {
    "id" : 2,
    "pId" : 1,
    "isParent" : true,
    "name" : "id[string]"
}, {
    "id" : 3,
    "pId" : 1,
    "isParent" : true,
    "name" : " name[string]"
}
...
```

可以看到这两个服务功能正常，一切都按照预期设定返回了数据。

7.6 本章小结

通过对本章的学习，我们了解了如何通过 Spring Boot 快速搭建一个 RESTful 服务框架，并对平台的基础服务进行开发改造。首先我们对用户模块进行了改造，通过引入 LDAP 模块，实现了对 IPA-Server 中 LDAP 用户的查询功能，并将其封装成 RESTful 服务对外暴露使用。然后我们将上一章中对 Kerberos 用户和 Ranger 用户的相关维护功能进行了整合，通过统一的用户接口完成了 Kerberos 与 Ranger 用户的同步维护。然而一个初始状态的 RESTful 服务并不安全，于是我们又对 RESTful 服务框架进行了完善，通过集成 JWT 协议来保障服务的安全。接着介绍了如何借助 Hive 的 Thrifty 查询服务，使用标准的 JDBC 协议实现对数据仓库 Hive 的元数据查询服务（包括数据仓库中的数据库、表和表字段等信息），以及数据查询功能服务。由于平台内的 Hadoop 相关组件都已开启 Kerberos 认证，所以在通过 JDBC 协议调用 Thrifty 查询服务之前需要进行 Kerberos 登录动作。

在下一章中，我们会进一步介绍如何实现 Spark 的任务与调度服务。

第 8 章

Spark 任务与调度服务

Spark 作为新一代计算平台的明星产品，在我们的大数据平台中具有举足轻重的作用，SQL 查询、流计算和机器学习等场景都能见到它的身影，可以说平台应用的数据处理、计算和挖掘等场景都可以使用 Spark 进行开发。在默认的情况下，如果想向 Spark 提交计算任务，通常会使用 Spark 提供的 spark-submit 脚本来提交含有业务逻辑的 jar 文件程序。这种方式虽然简单，但有悖于服务化的设计理念，所以需要为 Spark 提供一套任务管理的 RESTful 服务。既然谈到了任务服务，自然也就会联想到调度服务，这也是本章会涉及的内容。

8.1 提交 Spark 任务的 3 种方式

在大数据平台中，Spark 是以 Spark on YARN 的方式运行的，在这种模式下，整个集群的资源调度是由 YARN 统一控制的，Spark 只是作为运行在 YARN 上的一个应用客户端而存在。有 3 种方式可以将 Spark 任务提交至 YARN 运行。

8.1.1 使用 Spark-Submit 脚本提交

Spark 本身提供了 Spark-Submit 脚本用于提交任务，可以借助 Java 的 ProcessBuilder 调用脚本，将其包装成 RESTful 服务。

1. 定义 Spark 参数类

首先在 com.nauu.platform.service.spark 包路径下创建 Spark 任务的参数类 SparkArgs。SparkArgs 类中定义了执行 Spark-Submit 脚本需要用到的一些参数，例如任务 jar 文件路径、程序入口 Main 方法名称和 Kerberos 认证信息等，SparkArgs 的代码如下所示。

代码清单 8-1　SparkArgs 类代码

```java
public class SparkArgs implements Serializable{
    private static final long serialVersionUID = 1L;

    /**
     * spark master 地址
     */
    private String master;

    /**
     * spark 执行任务的入口
     */
    private String mainClass;

    /**
     * spark 任务 jar 文件地址
     */
    private String jar;

    /**
     * spark 脚本的根路径
     */
    private String sparkHome;

    /**
     * Kerberos 用户名
     */
    private String principal;

    /**
     * Kerberos 用户的 keytab 文件
     */
    private String keytab;

    public SparkArgs(String sparkHome,String master, String mainClass, String
        jar,String principal,String keytab) {
```

```
        this.sparkHome = sparkHome;
        this.master = master;
        this.mainClass = mainClass;
        this.jar = jar;
        this.principal = principal;
        this.keytab = keytab;
    }
```

2. 定义回调接口

由于 Spark 执行的任务多为数据抽取或计算任务，不同于往常的一些事务性操作，这类任务的执行时间通常很长，执行时间短则数分钟，长则可能达到数小时。所以，如果程序采用普通的方式执行，调用服务的程序进程会一直处理阻塞状态，从而导致程序主线程阻塞，这显然是不可接受的。所以更为合理的方式是将 Spark 提交任务的程序以子线程的方式运行，这样就不会造成主线程的阻塞了。但是一旦变为多线程的方式执行，Java 的方法是无法直接返回任务执行结果的。所以这里需要采用回调的方式返回方法的执行结果，由于 Java 目前还不支持闭包，我们需要为其编写一个回调接口 SparkSubmitCallback，其代码如下所示。

代码清单 8-2　SparkSubmitCallback 类代码

```
public interface SparkSubmitCallback {

    /**
     * 回调方法，在实例化SparkSubmitCallback对象的时候，必须覆盖此方法
     * @param sparkResult
     */
    public void onComplete(SparkResult sparkResult);

}
```

可以从上面的代码中发现，在 SparkSubmitCallback 回调接口中使用了 SparkResult 类作为入参对象。SparkResult 类是用于封装 Spark 任务返回结果的，其中定义了返回信息、执行状态和执行时间，其代码如下所示。

代码清单 8-3　SparkResult 类代码

```
public class SparkResult implements Serializable{

    private static final long serialVersionUID = 1L;
```

```java
/**
 * 任务执行结果是成功还是失败
 */
private Boolean success;

/**
 * 任务执行的回馈信息
 */
private String message;

/**
 * 任务执行的耗时
 */
private Long executeTime;

public SparkResult(Boolean success, String message, Long executeTime) {
    this.success = success;
    this.message = message;
    this.executeTime = executeTime;
}
}
```

3. 调用 Spark-Submit 脚本

现在可以编写用于提交任务的 SparkSubmit 类了，由于 Spark 的计算任务通常耗时较长，我们的主程序不可能一直阻塞等待任务程序的返回，所以这里需要采用多线程的方式运行。SparkSubmit 类需要继承 Thread 类并覆盖其 run 方法，然后在 run 方法中调用执行脚本的逻辑。需要注意的是，由于 Spark 已经使用 Kerberos 进行认证了，所以在执行 Spark-Submit 脚本的时候需要加入 principal 和 keytab 两个参数以委托 Spark 进行 Kerberos 登录。SparkSubmit 类的代码如下所示。

代码清单 8-4　SparkSubmit 类代码

```java
public class SparkSubmit extends Thread{

    private static Logger logger = LoggerFactory.getLogger(SparkSubmit.class);

    /**
     * 用于提交 spark 任务的脚本相对路径
     */
    private String sparkSubmit = "./bin/spark-submit";
```

```java
/**
 * 声明任务参数对象
 */
private SparkArgs sparkArgs;

public SparkSubmit(SparkArgs sparkArgs,SparkSubmitCallback callback) {
    this.sparkArgs = sparkArgs;
}

@Override
public void run() {

    // 获取 Spark 脚本的根路径地址
    String sparkHome = sparkArgs.getSparkHome();

    // 设置脚本参数
    List<String> command = new ArrayList<>();
    command.add(sparkSubmit);

    // 设置 spark 的服务地址
    command.add("--master");
    command.add(sparkArgs.getMaster());

    // 设置 spark 任务的入口
    command.add("--class");
    command.add(sparkArgs.getMainClass());

    // 采用集群模式提交
    command.add("--deploy-mode");
    command.add("cluster");

    //Kerberos 用户名
    command.add("--principal");
    command.add(sparkArgs.getPrincipal());

    //Kerberos 的 keytab 文件
    command.add("--keytab");
    command.add(sparkArgs.getKeytab());

    // 任务 jar 地址
    command.add(sparkArgs.getJar());

    logger.info("args is : "+command);

    // 通过 SparkSubmit.java 执行脚本
    ProcessBuilder pb = new ProcessBuilder();
    pb.command(command);
    // 指定执行脚本的目录
```

```
        pb.directory(new File(sparkHome));
        Process p = pb.start();
        调用过程省略...

        //实例化SparkResult对象并设置返回结果
        SparkResult result = new SparkResult(runningStatus==0?true:false, input,
            execTime);
        //调用回调函数并传入SparkResult对象
        callback.onComplete(result);
}
```

4. 使用线程池执行任务类

作为一个 Spark 任务服务，自然会面对许多提交任务的请求，所以很有必要维护一个全局的线程池对象来运行众多的 Spark 任务。为了便于演示，这里使用一个测试用例来模拟执行 SparkSubmit 类的场景。

首先使用 Java 的 Executors 类创建一个线程池，接着实例化 SparkSubmit 对象并注册回调函数，最后使用线程池执行任务，测试用例的代码如下所示。

代码清单 8-5　SparkServiceTest 类代码

```
public class SparkServiceTest {
    public static void main(String[] args) {
        //定义Spark任务参数对象，声明spark脚本的路径、测试入口类和任务jar文件路径
        SparkArgs sparkArgs = new SparkArgs("/Users/nauu/Downloads/OpenSource/spark-
            1.6.0-bin-hadoop2.6",
                "com.nauu.spark.main.TestMain",
            "/Users/nauu/Desktop/work/eclipse/workspace/spark-test/target/spark-test-
            0.0.1-SNAPSHOT.jar");
    //定义用于Kerberos认证的用户名和keytab文件
    String principal = "zhukai@COM";
    String keytab = "/Users/nauu/Downloads/OpenSource/submit-spark/zhukai.keytab";

    //定义一个线程池对象
    ExecutorService pool = Executors.newFixedThreadPool(10);
    //定义一个SparkSubmit对象，由于是异步线程，为了在任务结束时执行业务逻辑，我们还需要
    //注册回调函数
    SparkSubmit submit1 = new SparkSubmit(sparkArgs,new SparkSubmitCallback() {
                @Override
                public void onComplete(SparkResult result) {
                    System.out.println(1+": "+result.getSuccess());
                    System.out.println(result.getMessage());
```

```java
        }
    });

    //再定义一个任务提交对象，并注册回调函数
    SparkSubmit submit2 = new SparkSubmit(sparkArgs, new SparkSubmitCallback() {
        @Override
        public void onComplete(SparkResult result) {
            System.out.println(2+": "+result.getSuccess());
            System.out.println(result.getMessage());
        }
    });
    //将两个spark任务提交对象加入线程池并开始执行
    pool.execute(submit1);
    pool.execute(submit2);
    }
}
```

就这样，使用原生 Spark-Submit 脚本提交 Spark 任务的功能就完成了。使用脚本的做法虽然最为直接和简单，但是这种方法也有着明显的局限性，那就是它必须使用 Spark-Submit 脚本，这也就意味着我们编写的这套 Spark 任务提交的程序必须运行在拥有 Spark-client 组件的服务器上。

8.1.2 使用 Spark Client 提交

现在介绍另外一种提交 Spark 任务的方法，除了 Spark-Submit 脚本之外，Spark 还提供了一套 Java 客户端接口用于提交任务。在使用这套接口之后，程序就可以去掉对 Spark-Submit 脚本的依赖，这样一来提交任务的服务程序就可以运行在应用服务器之上，使得以远程的方式向集群提交任务成为可能。

1. Kerberos 登录

由于 Spark 使用了 Kerberos 认证协议，所以首先需要使用有效的 principal 和 keytab 进行登录。

```java
//声明Kerberos用户名和keytab文件
String principal = "zhukai";
```

```
String keytab = "/Users/nauu/Downloads/OpenSource/remote-submit-spark/zhukai.keytab";
// 定义 Hadoop 配置对象
Configuration conf = new Configuration();
// 定义环境变量并设置 Kerberos 的 KDC 配置文件
System.setProperty("java.security.krb5.conf", krb5Conf);
// 设置认证模式为 Kerberos
conf.set("hadoop.security.authentication", "Kerberos");

// 使用 Kerberos 用户名和 keytab 登录
UserGroupInformation.setConfiguration(conf);
UserGroupInformation.loginUserFromKeytab(principal, keytab);
```

2. 添加 Yarn 配置文件

接着需要定义 Hadoop 的 Configuration 配置，以便让客户端程序能够知道 Resource-Manager 地址等相关信息，知道自己该向何处提交任务。这里可以使用 Configuration 对象的 set 方法逐个设置 YARN 的配置属性，也可以直接添加一份 YARN 完整的配置文件。我们使用添加配置文件的方式进行设置，可以通过 Ambari 进入 YARN 的配置界面，通过 Service Action 选项中的下载客户端配置功能进行下载，如图 8-1 所示。下载之后可以得到一个名为 YARN_CLIENT-configs 的压缩包，将其解压就能得到 yarn-site.xml 配置文件。

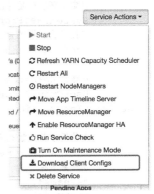

图 8-1 下载 YARN 的客户端配置

最后，调用 addResource 方法加载 yarn-site.xml 配置文件。

```
Configuration config = new Configuration();
config.addResource("yarn-site.xml");
```

3. 提交 Spark 任务

现在只需要使用 Spark 的 Client 类提交任务即可，在 SparkService 类中定义 submit 方法，其代码如下所示。

代码清单 8-6　SparkService 类代码

```
/**
* Kerberos 的 KDC 配置文件
*/
@Value("${ipa.krb5.conf}")
private String krb5Conf;
```

```java
/**
 * 提交spark任务
 * @param taskName
 * @param sparkArgs
 * @throws IOException
 */
public void submit(String taskName,SparkArgs sparkArgs) throws IOException{
            //定义Kerberos用户名和keytab文件
            String principal = "zhukai";
            String keytab = "/Users/nauu/Downloads/OpenSource/remote-submit-spark/
                zhukai.keytab";

            //定义Hadoop配置文件
            Configuration conf = new Configuration();
            //定义环境变量并配置Kerberos的KDC配置文件
            System.setProperty("java.security.krb5.conf", krb5Conf);
            //设置认证模式为Kerberos
            conf.set("hadoop.security.authentication", "Kerberos");

            //通过Kerberos用户名和keytab登录
            UserGroupInformation.setConfiguration(conf);
UserGroupInformation.loginUserFromKeytab(principal, keytab);

            //使用字符串数组声明Spark任务参数
    String[] args = new String[] {
            //任务名称
            "--name",
            taskName,

            //业务程序jar包
            "--jar",
            sparkArgs.getJar(),

            //Spark依赖
            "--addJars",
            "/Users/nauu/Downloads/OpenSource/remote-submit-spark/spark-
assembly-1.6.2.2.5.0.0-1245-hadoop2.7.3.2.5.0.0-1245.jar",

            //程序入口
            "--class",
            sparkArgs.getMainClass(),

            //Kerberos登录信息
            "--principal",
            sparkArgs.getPrincipal(),

            "--keytab",
```

```java
            sparkArgs.getKeytab()
    };

    // 设置环境变量 SPARK_YARN_MODE
    System.setProperty("SPARK_YARN_MODE", "true");

    // 加入 Yarn 的配置
    Configuration config = new Configuration();
    config.addResource("yarn-site.xml");

    // 实例化 SparkConf 配置对象
    SparkConf sparkConf = new SparkConf();

    // 实例化 ClientArguments 对象
    ClientArguments cArgs = new ClientArguments(args, sparkConf);

    // 实例化客户端对象
    Client client = new Client(cArgs, config, sparkConf);

    // 提交任务
    client.run();
}
```

至此，通过 Spark 的 Client 类向 YARN 提交任务的核心逻辑就写完了，读者只需在此基础之上优化细节并封装成 RESTful 服务就可以使用，这里就不再赘述了。

8.1.3 使用 YARN RESTful API 提交

除了刚才介绍的两种方法之外，还可以通过 YARN 提供的 RESTful API 向其提交 Spark 任务。但是这种方法十分复杂，并不推荐使用，所以这里直接使用 curl 命令调用的方式向大家讲解下此种方式的提交流程，就不再编写 Java 程序了。

1. 上传依赖 jar 文件

在通过 YARN 的 RESTful API 提交任务的时候，需要将所有运行时依赖的 jar 文件都预先上传到 HDFS，包括任务执行的 jar 文件和 Spark 自己的 spark-hdp-assembly.jar 文件。

首先，通过 Hadoop 命令将任务 jar 文件上传到 /remote-spark 目录下。

```
hadoop fs -put ./spark-test-0.0.1-SNAPSHOT.jar /remote-spark/spark-test.jar
```

而 spark-hdp-assembly.jar 文件在安装集群的时候就已经自动上传到了 HDFS 的 /hdp/apps/2.5.0.0-1245 目录下，所以就不需要再自行上传了。

2. 创建并上传 spark-yarn.properites 配置文件

在本地新建一个名为 spark-yarn.properites 的配置文件，用来定义 Spark 任务运行的时的一些参数，包括申请的内存、队列名称、集群模式和 Kerberos 认证信息，等等，配置内容如下所示。

代码清单 8-7　spark-yarn.properites 配置文件

```
#spark 任务文件保存的副本份数
spark.yarn.submit.file.replication=3

#executor 进程堆内存大小
spark.yarn.executor.memoryOverhead=384

#driver 进程堆内存大小
spark.yarn.driver.memoryOverhead=384

# 使用 yarn 模式提交
spark.master=yarn

# 使用集群模式提交
spark.submit.deployMode=cluster

# 提交到 yarn 的 default 队列
spark.yarn.queue=default

#spark 服务 Kerberos 认证的相关信息
spark.history.kerberos.keytab=/etc/security/keytabs/spark.headless.keytabs
spark.history.kerberos.principal=smokeuser@TESTCLUSTER.COM
spark.yarn.keytab=/etc/security/keytabs/smokeuser.headless.keytab
spark.yarn.principal=ambari-qa@TESTCLUSTER.COM
```

同样的，spark-yarn.properites 文件也需要上传到 HDFS。通过 hadoop 命令将任务配置文件也上传到 /remote-spark 目录下。

```
hadoop fs -put ./spark-yarn.properites  /remote-spark/spark-yarn.properites
```

3. 创建 Spark 任务描述文件

现在需要在本地创建一个名为 spark-yarn.json 的任务描述文件，用来描述 Spark

任务的一些上下文环境,并指定依赖 jar 文件和 spark-yarn.properites 配置文件在 HDFS 上的路径地址等信息。YARN 的任务服务就是通过 spark-yarn.json 内的描述信息来识别并创建 ApplicationMaster 以启动执行 Spark 的任务,配置内容如下所示。

```
{
    "am-container-spec": {
```

首先是 Spark 的命令列表,保持原样即可。

```
"commands": {
    "command": "{{JAVA_HOME}}/bin/java -server -Xmx1024m -Dhdp.version=
        2.5.0.0-1245 -Dspark.yarn.app.container.log.dir=/hadoop/yarn/log/
        rest-api -Dspark.yarn.keytab=/etc/security/keytabs/smokeuser.headless.
        keytab -Dspark.yarn.principal=ambari-qa@TESTCLUSTER.COM -Dspark.
        yarn.credentials.file=hdfs://hdfs 地址:8020/tmp/simple-project/
        credentials_4b023f93-fbde-48ff-b2c8-516251aeed52 -Dspark.history.
        kerberos.keytab=/etc/security/keytabs/spark.headless.keytabs -Dspark.
        history.kerberos.principal=spark@TESTCLUSTER.COM -Dspark.history.
        kerberos.enabled=true -Dspark.app.name=TestMain org.apache.spark.
        deploy.yarn.ApplicationMaster --class IrisApp --jar __app__.jar
        --arg '--class' --arg 'TestMain' 1><LOG_DIR>/AppMaster.stdout 2>
        <LOG_DIR>/AppMaster.stderr"
},
```

接着是一些环境参数,这里需要将 JAVA_HOME 修改成自己环境所在的路径。

```
"environment": {
    "entry": [
        {
            "key": "JAVA_HOME",
            "value": " /java/jdk1.7.0_80/"
        },
        {
            "key": "SPARK_YARN_MODE",
            "value": true
        },
        {
            "key": "HDP_VERSION",
            "value": "2.5.0.0-1245"
        },
        {
            "key": "CLASSPATH",
            "value": "{{PWD}}<CPS>__spark__.jar<CPS>{{PWD}}/__app__.jar<CPS>
```

```
            {{PWD}}/__app__.properties<CPS>{{HADOOP_CONF_DIR}}<CPS>/usr/
            hdp/current/hadoop-client/*<CPS>/usr/hdp/current/hadoop-client/
            lib/*<CPS>/usr/hdp/current/hadoop-hdfs-client/*<CPS>/usr/hdp/
            current/hadoop-hdfs-client/lib/*<CPS>/usr/hdp/current/hadoop-
            yarn-client/*<CPS>/usr/hdp/current/hadoop-yarn-client/lib/*<CPS>
            {{PWD}}/mr-framework/hadoop/share/hadoop/common/*<CPS>{{PWD}}
            /mr-framework/hadoop/share/hadoop/common/lib/*<CPS>{{PWD}}/
            mr-framework/hadoop/share/hadoop/yarn/*<CPS>{{PWD}}/mr-framework/
            hadoop/share/hadoop/yarn/lib/*<CPS>{{PWD}}/mr-framework/hadoop/
            share/hadoop/hdfs/*<CPS>{{PWD}}/mr-framework/hadoop/share/hadoop/
            hdfs/lib/*<CPS>{{PWD}}/mr-framework/hadoop/share/hadoop/tools/
            lib/*<CPS>/usr/hdp/2.5.0.0-1245/hadoop/lib/hadoop-lzo-0.6.0.
            2.5.0.0-1245.jar<CPS>/etc/hadoop/conf/secure<CPS>"
      },
```

同样地，也需要将 SPARK_YARN_CACHE_FILES 改成自己环境的 HDFS 地址。

```
            {
                "key": "SPARK_YARN_CACHE_FILES",
                "value": "hdfs://hdfs地址:8020/tmp/spark-test.jar#__app__.jar,
                    hdfs://hdfs地址:8020/hdp/apps/2.5.0.0-1245/spark/spark-hdp-
                    assembly.jar#__spark__.jar"
            },
            {
                "key": "SPARK_YARN_CACHE_FILES_FILE_SIZES",
                "value": "10588,191724610"
            },
            {
                "key": "SPARK_YARN_CACHE_FILES_TIME_STAMPS",
                "value": "1460990579987,1460219553714"
            },
            {
                "key": "SPARK_YARN_CACHE_FILES_VISIBILITIES",
                "value": "PUBLIC,PRIVATE"
            }
        ]
    },
```

然后是本地资源的配置，首先需要指定 HDFS 上 spark-hdp-assembly.jar 文件的地址。需要特别注意的是这里文件的大小（size）和上传的时间戳（timestamp）需要和 HDFS 上保持一致。

```
    "local-resources": {
        "entry": [
            {
                "key": "__spark__.jar",
```

```
            "value": {
                "resource": "hdfs://hdfs 地址:8020/hdp/apps/2.5.0.0-1245/spark/spark
                    -hdp-assembly.jar",
                "size": 191724610,
                "timestamp": 1460219553714,
                "type": "FILE",
                "visibility": "APPLICATION"
            }
        },
```

最后需要指定用于执行 Spark 计算任务的 jar 文件地址，同样的，这里也需要特别注意其文件的大小（size）和上传的时间戳（timestamp）需要和 HDFS 上保持一致。

```
        {
            "key": "__app__.jar",
            "value": {
                "resource": "hdfs://hdfs 地址:8020/remote-spark/spark-
                    test.jar",
                "size": 1659,
                "timestamp": 1460990579987,
                "type": "FILE",
                "visibility": "APPLICATION"
            }
        },
        {
            "key": "__app__.properties",
            "value": {
                "resource": "hdfs://hdfs 地址:8020/remote-spark
                    /spark-yarn.properties",
                "size": 588,
                "timestamp": 1460990580053,
                "type": "FILE",
                "visibility": "APPLICATION"
            }
        }
        ]
    }
},
"application-id": "application_1495446740310_1183",
"application-name": "TestMain",
"application-type": "YARN",
"keep-containers-across-application-attempts": false,
"max-app-attempts": 2,
"resource": {
    "memory": 1024,
    "vCores": 1
},
```

```
    "unmanaged-AM": false
}
```

4. 申请 ApplicationId

在正式提交任务之前，首先需要向 YARN 的 ResourceManager 申请 ApplicationId 和 Container 资源，执行如下命令申请。

```
curl -iv -k -X POST http://yarn 地址 :8088/ws/v1/cluster/apps/new-application?user.
   name=yarn

*   Trying...
* TCP_NODELAY set
* Connected to port 8088 (#0)
* Server auth using Basic with user 'admin'
> POST /ws/v1/cluster/apps/new-application?user.name=yarn HTTP/1.1
> Host:8088
> Authorization: Basic YWRtaW46YmlnZGF0YTIwMTc=
中间过程省略……
{"application-id":"application_1495446740310_1179","maximum-resource-capabi
   lity":{"memory":81920,"vCores":10}}
```

可以发现 YARN 返回了一个 ApplicationId 和运行容器的一些基本信息。

5. 提交任务

现在将 spark-yarn.json 中的 application-id 这一项配置修改成刚刚申请到的 ApplicationId 值。然后执行如下命令向 YARN 提交任务。

```
curl -s -i --negotiate -u: -v -X POST -H "Content-Type: application/json"
   http://yarn 地址 :8088/ws/v1/cluster/apps  --data-binary @spark-yarn.json
```

至此，YARN 就会接收到任务请求并开始运行任务。这就是通过 Yarn 的 RESTful API 提交任务的大致流程。

8.2 查询 Spark 日志

Spark 任务在提交运行之后，整个调度工作都会交由 YARN 进行控制，所以如果需要查看任务执行的日志，还得需要借助 YARN 的接口来实现。YARN 在执行 Spark 任务的过程中，会将具体任务分配到不同的 NodeManager 服务器执行，这意味着任务的执行日志文件本质上会被分散的存储于多个服务器之上，YARN 的 logs 命令可以帮助我们将某个任务的多个日志文件进行合并返回，命令语法如下。

```
yarn logs -applicationId xxx
```

我们还是借助 Java 的 ProcessBuilder 对象来执行 Yarn 脚本命令，鉴于在编写服务化的过程中大量使用到了通过 Java 程序调用 shell 脚本的需求，所以可以新建一个 ProcessBuilderUtil 工具类，将脚本调用的逻辑进一步封装，以方便复用。ProcessBuilderUtil 代码如下所示。

代码清单 8-8　ProcessBuilderUtil 类代码

```java
public class ProcessBuilderUtil {

    /**
     * 执行脚本程序
     * @param command
     * @return
     */
    public String run(List<String> command){
        // 实例化 ProcessBuilder 对象
        ProcessBuilder pb = new ProcessBuilder();

        // 设置参数
        pb.command(command);
        String s = null;
        String input = "";
        try {

            // 将错误流重定向合并到输入流
            pb.redirectErrorStream(true);

            // 开始自行脚本
            Process p = pb.start();

            // 通过 BufferedReader 读取脚本回馈信息
            BufferedReader stdInput = new BufferedReader(new InputStreamReader
                (p.getInputStream()));
            while ((s = stdInput.readLine()) != null) {
                input += s + "\n";
            }
            // 阻塞等待脚本执行结束后再返回
            p.waitFor();

        } catch (IOException | InterruptedException e) {
            e.printStackTrace();
```

```
        }
        return input;
    }
}
```

现在编写查询 Spark 日志的逻辑，在 SparkService 类中新增 getLogs 方法，其代码如下所示。

代码清单 8-9　getLogs 方法代码

```java
/**
 * 查询 yarn 日志
 * @param appId
 * @return
 */
public String yarnLogs(String appId) {

    //声明参数
    List<String> command = new ArrayList<>();

    command.add("yarn");
    command.add("logs");
    command.add("-applicationId");
    command.add(appId);

    //调用 ProcessBuilderUtil 工具类执行脚本
    ProcessBuilderUtil util = new ProcessBuilderUtil();
    String input = util.run(command);

    return input;

}
```

只需在此基础之上进一步完善封装，暴露成 RESTful 服务即可，此处也不再赘述了。

8.3　任务调度

既然现在平台服务已经可以使用 Java 程序来启动 Spark 的任务了，自然而然地，就会孕育出任务调度的需求。任务与调度，这一对好兄弟总是结伴而行的。

需要特别说明的是，这里所说的任务调度并不是指像 YARN 那样对集群资源的调度，而是应用逻辑层面的任务调度。比如某项业务数据的 ETL 任务或是数据挖掘任务。这些任务会对接到不同的底层服务，比如内存计算任务需要通过提交到 Spark 来执行，而一个批处理任务则可能会提交给 Map/Recude 去执行。所以这里需要设计一个任务调度系统，提供统一界面对接所有不同类型的任务类型。不仅如此，任务调度系统还可以作为 YARN 的二级任务队列，以减缓 YARN 的队列压力，这种设计在面对大量任务提交的时候特别有效。

现在使用 Quartz 来实现这样一个任务调度系统的雏形。Quartz 是一款基于 Java 实现的任务调度引擎，功能十分强大，支持定时或通过克隆（cron）表达式等形式灵活的调度任务。

8.3.1 引入 Quartz 模块

首先，打开 pom 文件增加 quartz 模块的依赖配置。

```xml
<dependency>
    <groupId>org.quartz-scheduler</groupId>
    <artifactId>quartz</artifactId>
    <version>2.2.1</version>
</dependency>
```

8.3.2 增加 Quartz 配置

为了让 Quartz 融入能够 Spring-Boot 的体系，这里还得费一番周折，需要定义一个 Bean 对象的工厂类。由于工厂类会用到 spring 的 context 对象，所以还需引入相关依赖，再次打开 pom 添加 spring-context-support 模块的依赖配置。

```xml
<dependency>
    <groupId>org.springframework</groupId>
    <artifactId>spring-context-support</artifactId>
    <version>4.1.8.RELEASE</version>
</dependency>
```

现在定义工厂类 AutowiringSpringBeanFactory，AutowiringSpringBeanFactory 需要继承 SpringBeanJobFactory 类并实现 ApplicationContextAware 接口。之后需要覆盖 setApplicationContext 和 createJobInstance 两个方法，其代码如下所示。

代码清单 8-10　AutowiringSpringBeanFactory 类代码

```java
public final class AutowiringSpringBeanFactory extends SpringBeanJobFactory implements
        ApplicationContextAware {

    private transient AutowireCapableBeanFactory beanFactory;

    @Override
    public void setApplicationContext(final ApplicationContext context) {
        beanFactory = context.getAutowireCapableBeanFactory();
    }

    @Override
    protected Object createJobInstance(final TriggerFiredBundle bundle)
            throws Exception {
        final Object job = super.createJobInstance(bundle);
        beanFactory.autowireBean(job);
        return job;
    }
}
```

然后需要定义 Quartz 的 Java 配置类 SchedulerConfig，Quartz 中主要提供了四种类型的 trigger，它们分别是 SimpleTrigger、CronTirgger、DateIntervalTrigger 和 NthIncludedDayTrigger。这四种 trigger 已经可以满足企业应用中的绝大部分需求。这里以 SimpleTrigger 为例，其代码如下所示。

代码清单 8-11　SchedulerConfig 类代码

```java
@Configuration
public class SchedulerConfig {
```

定义 jobFactory Bean 对象，用于实例化我们编写的 AutowiringSpringBeanFactory 工厂对象。

```java
@Bean
public JobFactory jobFactory(ApplicationContext applicationContext) {
    AutowiringSpringBeanFactory jobFactory = new AutowiringSpringBeanFactory();
    jobFactory.setApplicationContext(applicationContext);
    return jobFactory;
}
```

定义 schedulerFactoryBean Bean 对象，以创建 job 任务。

```java
@Bean
public SchedulerFactoryBean schedulerFactoryBean(DataSource dataSource,JobFactory
    jobFactory,
        @Qualifier("AppJobTrigger") Trigger sampleJobTrigger) throws IOException {
    SchedulerFactoryBean factory = new SchedulerFactoryBean();
    factory.setOverwriteExistingJobs(true);
    factory.setDataSource(dataSource);
    factory.setJobFactory(jobFactory);

    factory.setQuartzProperties(quartzProperties());

    return factory;
}
```

从 quartz.properties 文件中读取并加载 quartz 的配置信息。

```java
@Bean
public Properties quartzProperties() throws IOException {
    PropertiesFactoryBean propertiesFactoryBean = new PropertiesFactoryBean();
    propertiesFactoryBean.setLocation(new ClassPathResource("/quartz.properties"));
    propertiesFactoryBean.afterPropertiesSet();
    return propertiesFactoryBean.getObject();
}
```

创建 TaskJob 任务实例。

```java
    @Bean
    public JobDetailFactoryBean sampleJobDetail() {
        return createJobDetail(TaskJob.class);
    }

    @Bean(name = "AppJobTrigger")
    public SimpleTriggerFactoryBean sampleJobTrigger(@
        Qualifier("AppJobDetail") JobDetail jobDetail,
    @Value("${job.frequency}") long frequency) {
        return createTrigger(jobDetail, frequency);
    }

    private static JobDetailFactoryBean createJobDetail(Class<TaskJob> jobClass) {
        JobDetailFactoryBean factoryBean = new JobDetailFactoryBean();
        factoryBean.setJobClass(jobClass);
        factoryBean.setDurability(true);
        return factoryBean;
    }

    private static SimpleTriggerFactoryBean createTrigger(JobDetailjobDetail,
        long pollFrequencyMs) {
        SimpleTriggerFactoryBean factoryBean = new SimpleTriggerFactoryBean();
```

```
            factoryBean.setJobDetail(jobDetail);
            factoryBean.setStartDelay(0L);
            factoryBean.setRepeatInterval(pollFrequencyMs);
            factoryBean.setRepeatCount(SimpleTrigger.REPEAT_INDEFINITELY);
            factoryBean.setMisfireInstruction(SimpleTrigger.MISFIRE_INSTRUCTION_
                RESCHEDULE_NEXT_WITH_REMAINING_COUNT);
            return factoryBean;
        }

    }
```

最后，在工程目录 src/main/resources 下添加 quartz.properties 配置文件，Quartz 的整个配置工作就完成了，配置文件内容如下所示。

代码清单 8-12　quartz.properties 配置内容

```
org.quartz.scheduler.instanceName=spring-boot-quartz-bigdata
org.quartz.scheduler.instanceId=AUTO
org.quartz.threadPool.threadCount=5
org.quartz.jobStore.class=org.quartz.impl.jdbcjobstore.JobStoreTX
org.quartz.jobStore.driverDelegateClass=org.quartz.impl.jdbcjobstore.StdJDBCDelegate
org.quartz.jobStore.useProperties=true
org.quartz.jobStore.misfireThreshold=60000
org.quartz.jobStore.tablePrefix=QRTZ_

org.quartz.jobStore.isClustered=true
org.quartz.jobStore.clusterCheckinInterval=20000
```

8.3.3　编写调度任务

现在还需要编写用于 Quartz 调度的任务对象，这里就比较简单了，只需定义一个实现 Quartz Job 接口的任务实现类，然后覆盖其 execute 方法，调用 SparkService 的 submit 方法提交任务即可，TaskJob 类代码如下所示。

代码清单 8-13　TaskJob 类代码

```
public class TaskJob implements Job {

    private static Logger logger = LoggerFactory.getLogger(TaskJob.class);
    // 注入 SparkService 任务管理服务对象
    @Autowired
        private SparkService sparkService;

    @Override
```

```
public void execute(JobExecutionContext jobExecutionContext) {
    // 提交任务
    sparkService.submit();
}
}
```

8.3.4 改进空间

任务调度编写到这里已经初见雏形，Quartz 模块已经融入到了 Spring-Boot 体系里，整个代码和服务框架也已经形成。但是目前的服务实现的成熟程度还是比较初级的，还有很多未完成的工作或细节值得去补充和完善。例如，目前只支持了 Spark 任务一种任务类型，应该强化 TaskJob 任务类的功能，使其可以启动多种不同类型的任务。还有对于 Quartz 的任务类型，目前也只实现了 SimpleTrigger 一种类型，应该强化 SchedulerConfig 配置类，使其能够支持多种类型的 Quartz 任务。这些改进就留给读者们去发展、完善吧。

8.4 本章小结

本章详细介绍了通过 Java 程序提交 Spark 任务的三种方法，包括使用 Spark-Submit 脚本、Spark Client 接口以及 YARN 的 Restful API。

使用 Spark-Submit 脚本提交的方式最为简单，但要求 Java 程序必须部署在拥有 Spark 客户端的集群服务器上，有一定的局限性；使用 Spark Client 提交任务的 Java 程序没有部署服务器的限制要求，可以部署在非 Hadoop 集群的服务器之上。这也是比较推荐的一种提交任务形式；而通过 YARN 的 Restful API 的形式提交任务，与前两种方式比较显得最为烦琐，需要大量配置文件，特别是配置文件中关于提交的任务 jar 文件大小和时间戳必须与上传到 HDFS 的文件完全一致。

在提交任务之后，伴随而来的是跟踪程序的执行情况和反馈信息，这就离不开集群上的任务日志，因此我们又介绍了如何使用 Java 编写查询 YARN 任务日志的程序。

最后我们又抛砖引玉地介绍了如何基于 Quartz 这样一款强大的 Java 调度组件实现大数据平台的任务调度服务的思路。

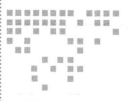

附录 A

Hadoop 简史

Hadoop 诞生至今已有 12 年之久,从最初的 2 个组件发展到如今,已然成为一个涵盖数十种组件的庞大生态体系。现在就让我们一起回顾一下 Hadoop 生态的发展历程。

- 2002 年 10 月,Doug Cutting 和 Mike Cafarella 一起创建了 Nutch 项目,它是一款基于 Lucene 之上的开源网页爬虫系统。
- 2003 年 10 月,Google 发表了著名的《Google File System》论文。
- 2004 年 7 月,Doug Cutting 和 Mike Cafarella 在 Nutch 中实现了类似 GFS 的文件系统特性,这就是后来 HDFS 的前身。
- 2004 年 10 月,Google 发表了著名的《MapReduce》论文。
- 2005 年 2 月,Mike Cafarella 在 Nutch 中实现了 MapReduce 的原型版本。
- 2006 年 1 月,Doug Cutting 加入雅虎,雅虎专门成立一个团队用于将 Nutch 中的 HDFS 和 MapReduce 原型抽离出来独立发展。
- 2006 年 1 月,Doug Cutting 给这套系统取名为 Hadoop,此名取自 Doug Cutting 小儿子的一只小象玩具的名字。
- 2006 年 2 月,Apache Hadoop 项目正式启动,致力于将 MapReduce 和 HDFS

发展成独立的系统。

- 2006 年 3 月，雅虎建设了第一个用于研究的 Hadoop 集群。
- 2006 年 11 月，Google 发表了著名的《Bigtable》论文，这最终激发了 HBase 的诞生。
- 2007 年 12 月，Apache Hadoop 发布了第一个 Release 版本。
- 2008 年 1 月，Hadoop 成为了 Apache 的顶级项目。
- 2008 年 2 月，雅虎运行了当时世界上最大的 Hadoop 应用。
- 2008 年 6 月，Hive，Hadoop 的第一个 SQL 查询框架，成为 Hadoop 的子项目。
- 2008 年 8 月，Cloudera 成立公司，它是第一个 Hadoop 的商业化公司。
- 2008 年 12 月，Apache Pig 的初始 Release 版本发布，它是 Hadoop 的第一款高层次封装的 non-SQL 框架。
- 2009 年 6 月，Tom White 撰写了《Hadoop 权威指南》一书，此书被学习者们誉为 Hadoop 圣经。
- 2009 年 7 月，MapReduce 和 HDFS 成为 Hadoop 项目的独立子项目。
- 2009 年 8 月，Hadoop 创始人 Doug Cutting 加入 Cloudera 担任首席架构师。
- 2009 年 10 月，首届 Hadoop World 大会在纽约盛大召开。
- 2010 年 5 月，HBase 脱离 Hadoop 子项目，成为 Apache 基金会顶级项目。
- 2010 年 9 月，Hive 脱离 Hadoop 子项目，成为 Apache 基金会顶级项目。
- 2010 年 9 月，Pig 脱离 Hadoop 子项目，成为 Apache 基金会顶级项目。
- 2011 年 1 月，Zookeeper 脱离 Hadoop 子项目，成为 Apache 基金会顶级项目。
- 2011 年 7 月，Hortonworks 公司成立，志在让 Hadoop 更加安全可靠，同时让企业用户更容易安装、管理和使用 Hadoop。
- 2012 年 3 月，HDFS NameNode HA 功能被合并到 Hadoop 主版本，这对于企业级应用来说是一个非常重要的功能。
- 2012 年 8 月，YARN，另外一个对于企业而言十分重要的组件，成为 Hadoop 子项目。
- 2012 年 10 月，Hadoop 的第一个原生 MPP 架构分析查询引擎 Impala，加入了

Hadoop 生态系统。

- 2014 年 2 月，Apache Spark 成为 Apache 基金会顶级项目并逐渐代替 MapReduce 成为 Hadoop 的缺省的执行引擎。
- 2015 年 2 月，Hortonworks 和 Pivotal 提出"Open Data Platform"的倡议，受到传统企业如 Microsoft、IBM 等企业支持。
- 2015 年 10 月，Cloudera 公布了 Kudu，它是继 HBase 以后的第一个 Hadoop 原生存储替代方案。
- 2015 年 12 月，Impala 和 Kudu 成为 Apache 基金会孵化项目。

附录 B

Hadoop 生态其他常用组件一览

除了在第 2 章大数据平台技术栈简介中着重介绍的几款组件之外,我们的大数据平台中还存在着其他一些非常棒的组件,这里再列举一些。

1. Sqoop

Apache Sqoop 是一款设计用于在关系型数据库与 Apache Hadoop 之间以批处理的方式高效导入 / 导出数据的工具,常用于数据的导入与导出场景。通过 Sqoop,可以轻松地将关系型数据库(如 Mysql、Oracle 等)中的数据导入到 Hive、HBase 中存储,反之亦然。

官网地址:http://sqoop.apache.org。

2. Flume

Apache Flume 是一款分布式的数据汇聚、传输服务,具有很高的可靠性。Apache Flume 能够有效地应用于采集、汇聚、传输大量的文件数据,常用于日志数据收集或文件数据接入场景。它拥有一个基于数据流管道的灵活的架构,并且拥有强大的故障转移和恢复机制,同时也允许数据在传输的过程中进行简单的清洗、转换操作。

官网地址:https://flume.apache.org。

3. Hive

数据仓库系统在大型企业内部十分常见，随着数据量的迅猛增长，使用关系型数据库的传统数仓系统已无法支撑海量数据的存储与分析。MapReduce 虽然可以处理海量数据，但其编程模型与传统数仓系统差异巨大，其学习成本与程序移植难度也过高。

Apache Hive 的出现正好解决了这类问题，弥补了 Hadoop 体系中数据仓库系统的空白。Apache Hive 正是 Hadoop 体系中的数据仓库，它构建在 HDFS 之上。通过引入 schema 元数据的概念，使得数据可以使用关系型模型的方式存储在 Hive 中，同时 Hive 还对外提供标准 SQL 查询接口，底层再将 SQL 转化为 MapReduce 任务。这样一来大大降低了学习难度和程序改移植的难度。

官网地址：https://hive.apache.org。

4. Ambari LogSearch

Ambari LogSearch 是一款分布式的日志采集与分析系统，它能够实时收集集群中所有服务组件的日志信息，统一汇聚之后建立索引存储到搜索引擎，再通过 UI 控制台提供实时的日志查询与分析服务。

更多信息可以查阅：https://docs.hortonworks.com/HDPDocuments/Ambari-2.4.0.1/bk_ambari-user-guide/content/ch_ambari_log_search.html。

5. Kafka

Kafka 是一款用于构建实时数据管道或数据流应用的消息系统，具有高度的可靠性、可扩展性和容错性。与传统的消息系统相比 Kafka 具有更高的吞吐量，并且支持数据回放功能。因为 Kafka 不像传统消息系统那样删除已被消费的消息数据，Kafka 创造性地使用文件系统保存消息，利用操作系统对磁盘顺序读写进行的预读（read-ahead）和后写（write-behind）等技术的优化，使得整个系统运行的速度和使用内存不分上下。并且这种架构能够充分利用服务器资源，可以使一台拥有 32GB 内存的机器获得高达 28GB 到 30GB 的缓存。

官网地址：https：//kafka.apache.org。

6. Elasticsearch

Elasticsearch 是一款基于 Lucene 构建的搜索引擎，它能够以分布式的方式实时进行文件存储。通过丰富的 Restful API 体系，Elasticsearch 能够提供强大的实时搜索能力，同时还能够提供强大的多维分析能力。从设计伊始，Elasticsearch 就完全以分布式系统为目标而打造，所以它天生就是分布式的，并且不需要依赖任何第三方组件。

官网地址：https：//www.elastic.co。

7. Oozie

在传统的企业 OA 或者 ERP 系统中，通常都会使用流程引擎来实现业务上的工作流程功能。而在大数据领域，在 Hadoop 的生态体系中，也有一款流程引擎，能够将不同的计算流程串联到一起，它就是 Oozie。

官网地址：http：//oozie.apache.org。

附录 C

常用组件配置说明

1. HDFS

名称	默认值	描述
dfs.namenode.secondary.http-address	0.0.0.0:50090	Secondary Namenode 服务地址和端口
dfs.datanode.address	0.0.0.0:50010	Datanode 数据传输地址和端口
dfs.datanode.handler.count	10	Datanode 服务线程数
dfs.namenode.http-address	0.0.0.0:50070	Namenode Web UI 控制台地址和端口
dfs.namenode.name.dir	file://${hadoop.tmp.dir}/dfs/name	Namenode 元数据 fsimage 存储路径
dfs.namenode.edits.dir	${dfs.namenode.name.dir}	Namenode 元数据 edits 存储路径
dfs.datanode.data.dir	file://${hadoop.tmp.dir}/dfs/data	Datanode 数据块存储路径
dfs.replication	3	数据块冗余份数
dfs.blocksize	134217728	数据块大小
dfs.client.block.write.retries	3	数据块写入失败时，重试的次数
dfs.heartbeat.interval	3	Datanode 心跳检查间隔时间
dfs.namenode.handler.count	10	Namenode 服务线程数
dfs.namenode.resource.du.reserved	104857600	Namenode 数据存储路径剩余空间的最低要大小要求

2. Yarn

名称	默认值	描述
yarn.resourcemanager.hostname	0.0.0.0	ResourceManager 地址
yarn.resourcemanager.address	${yarn.resourcemanager.hostname}:8032	ApplicationsManager 接口地址
yarn.resourcemanager.client.thread-count	50	ResourceManager 处理请求的线程数
yarn.resourcemanager.nodemanager-connect-retries	10	连接 ResourceManager 的重试次数
yarn.resourcemanager.scheduler.address	${yarn.resourcemanager.hostname}:8030	ResourceManager 调度器端口
yarn.resourcemanager.webapp.address	${yarn.resourcemanager.hostname}:8088	ResourceManager Web UI 管理控制台地址
yarn.resourcemanager.connect.max-wait.ms	900000	连接 ResourceManager 的最大等待时间
yarn.resourcemanager.connect.retry-interval.ms	30000	连接 ResourceManager 的重试周期
yarn.resourcemanager.container.liveness-monitor.interval-ms	600000	Containers 心跳检查时间周期
yarn.scheduler.minimum-allocation-mb	1024	RM 分配给 container 的最小内存空间
yarn.scheduler.maximum-allocation-mb	8192	RM 分配给 container 的最大内存空间
yarn.scheduler.minimum-allocation-vcores	1	RM 分配给 container 的最小 CPU 核数
yarn.scheduler.maximum-allocation-vcores	32	RM 分配给 container 的最大 CPU 核数
yarn.nodemanager.hostname	0.0.0.0	NodeManager 地址
yarn.nodemanager.address	${yarn.nodemanager.hostname}:0	ContainerManager 地址
yarn.nodemanager.local-dirs	${hadoop.tmp.dir}/nm-local-dir	应用在执行过程中的本地化文件路径
yarn.nodemanager.log-dirs	${yarn.log.dir}/userlogs	Container 日志存储路径
yarn.nodemanager.resource.memory-mb	8192	允许分配给 containers 的物理内存大小
yarn.nodemanager.resource.cpu-vcores	8	RM 可以分配给 containers 的物理核数量
yarn.nodemanager.resource.percentage-physical-cpu-limit	100	RM 可以分配给 containers 的 CPU 占比

3. HBase

名称	默认值	描述
hbase.tmp.dir	${java.io.tmpdir}/hbase-${user.name}	本地文件系统缓存路径
hbase.rootdir	${hbase.tmp.dir}/hbase	Region Servers 数据存储路径
hbase.fs.tmp.dir	/user/${user.name}/hbase-staging	HDFS 上的临时文件路径
hbase.cluster.distributed	false	是否开启集群模式
hbase.zookeeper.quorum	localhost	Zookeeper 集群服务地址,可用逗号分隔
hbase.master.port	16000	HBase Master 端口
hbase.master.info.port	16010	HBase Master Web UI 控制台端口
hbase.master.info.bindAddress	0.0.0.0	HBase Master Web UI 控制台绑定地址
hbase.regionserver.port	16020	HBase RegionServer 端口
hbase.regionserver.info.port	16030	HBase RegionServer Web UI 控制台端口
hbase.regionserver.info.bindAddress	0.0.0.0	HBase RegionServer Web UI 控制台端口
hbase.regionserver.logroll.period	3600000	提交日志的时间周期
hbase.regionserver.optionalcacheflushinterval	3600000	刷新 MemStore 的时间周期
hbase.regionserver.regionSplitLimit	1000	当 region 分裂到此阈值时就停止分裂
zookeeper.session.timeout	90000	Zookeeper 会话超时时间
zookeeper.Znode.parent	/hbase	HBase 在 Zookeeper 上存储的根路径
hbase.client.write.buffer	2097152	HTable client 写缓冲区大小
hbase.client.retries.number	35	操作重试次数
hbase.client.keyvalue.maxsize	10485760	一个 KeyValue 实例的最大大小

4. Spark

名称	默认值	描述
spark.app.name		应用名称
spark.driver.cores	1	Driver 进程可以使用的核心数,只能使用于集群模式
spark.driver.maxResultSize	1g	所有分区返回给 Driver 进程的序列化结果集最大大小
spark.driver.memory	1g	Driver 进程可以使用的内存大小
spark.executor.memory	1g	Executor 进程可以使用的内存大小
spark.local.dir	/tmp	本地缓存路径
spark.master		集群管理器连接地址
spark.driver.extraClassPath		Driver 进程 JVM 的扩展 classpath
spark.driver.extraJavaOptions		Driver 进程 JVM 的扩展参数
spark.executor.extraClassPath		Executor 进程 JVM 的扩展 classpath
spark.executor.extraJavaOptions		Executor 进程 JVM 的扩展参数

（续）

名称	默认值	描述
spark.shuffle.compress	True	是否压缩 map 的输出文件
spark.ui.port	4040	应用 dashboard 端口
spark.broadcast.compress	True	是否压缩广播变量
spark.executor.cores		Executor 进程可以使用的核心数，只能使用于集群模式
spark.default.parallelism		Shuffle 操作默认的分区数量
spark.dynamicAllocation.enabled	False	是否开启动态资源分配

5. Zookeeper

名称	默认值	描述
clientPort		客户端连接端口
dataLogDir		内存数据库快照存储路径
dataLogDir		事务日志存储路径
globalOutstandingLimit	1000	等待处理的请求最大连接数
preAllocSize	64M	事务日志文件预分配大小
maxClientCnxns	10	一个客户端能够连接到同一个服务器上的最大连接数，根据 IP 来区分。如果设置为 0，表示没有任何限制

推荐阅读

企业级业务架构设计：方法论与实践

作者：付晓岩

从业务架构"知行合一"角度阐述业务架构的战略分析、架构设计、架构落地、长期管理，以及架构方法论的持续改良

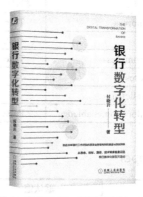

银行数字化转型

作者：付晓岩

有近20年银行工作经验的资深业务架构师的复盘与深刻洞察，从思维、目标、路径、技术多维度总结银行数字化转型方法论

凤凰架构：构建可靠的大型分布式系统

作者：周志明

超级畅销书《深入理解Java虚拟机》作者最新力作，从架构演进、架构设计思维、分布式基石、不可变基础设施、技术方法论5个维度全面探索如何构建可靠的大型分布式系统

架构真意：企业级应用架构设计方法论与实践

作者：范钢 孙玄

资深架构专家撰写，提供方法更优的企业级应用架构设计方法论详细阐述当下热门的分布式系统和大数据平台的架构方法，提供可复用的经验，可操作性极强，助你领悟架构的本质，构建高质量的企业级应用